走向未来科技丛书

领导干部科技创新学习读本

# 数据治理

李振华　王同益　等 著

中共中央党校出版社

## 图书在版编目（CIP）数据

数据治理/李振华等著．--北京：中共中央党校出版社，2021.8

ISBN 978-7-5035-7138-1

Ⅰ.①数… Ⅱ.①李… Ⅲ.①数据管理-研究 Ⅳ.①TP274

中国版本图书馆 CIP 数据核字（2021）第 133667 号

---

**数据治理**

| | |
|---|---|
| **策划统筹** | 任丽娜 |
| **责任编辑** | 任丽娜 桑月月 |
| **责任印制** | 陈梦楠 |
| **责任校对** | 王 微 |
| **出版发行** | 中共中央党校出版社 |
| **地 址** | 北京市海淀区长春桥路 6 号 |
| **电 话** | （010）68922815（总编室） （010）68922233（发行部） |
| **传 真** | （010）68922814 |
| **经 销** | 全国新华书店 |
| **印 刷** | 中煤（北京）印务有限公司 |
| **开 本** | 710 毫米×1000 毫米 1/16 |
| **字 数** | 167 千字 |
| **印 张** | 15.25 |
| **版 次** | 2021 年 8 月第 1 版 2021 年 8 月第 1 次印刷 |
| **定 价** | 58.00 元 |

微 信 ID：中共中央党校出版社 邮 箱：zydxcbs2018@163.com

---

走向未来科技丛书

# 序

5000 多年前，语言形式在听觉符号基础之上衍生出视觉符号——文字。文字的出现，让异时、异地传播成为可能，大大提高了传播的广度和范围，文字也被认为是人类步入文明时代的重要标志。而计算机的出现，让数据成为信息和知识保存的又一载体。近几年，经济的数字化进程明显加速，大量的信息和知识以数据形式存储，大量的活动也依赖于数据。数字时代已经到来，数据已经成为数字经济时代的语言新形式。

数据必将发挥越来越重要的作用，以数据为驱动的数字经济发展将成为"十四五"时期以及更长一段时间里经济社会发展的新特征，是不可逆转的趋势。与此同时，关于数据利用、个人信息保护、算法规范、数据权属、数据开放分享、数据跨境流动、数字税等问题的多重挑战和多方博弈也愈加激烈。上述挑战并不是孤立的点，而是彼此联系的复杂矩阵，数据治理事实上涉及国内发展与国际竞争、产业发展与市场监管、业务创新与权益保护等多重目标，既是机遇，也是挑战，需要政府、企业和社会共同面对，需要群策群力、多方协作，创造性地去寻求最佳路径、最佳方案。

本书旨在"坚持系统观念"，对数据治理相关重点问题进行梳理和探讨，以期为我国打造积极、良性的数据治理生态，促进我国数字经济健康、可持续发展提供一定的基础支持。

全书各章节内容安排如下：

在讨论数据治理相关重要议题之前，对数据最基础性的一些问题进行探讨，加深对数据的认识和理解是非常有必要的，本书第一章阐述了什么是数据，数据与信息、隐私的联系与区别，数据的生产及其价值链，数据的特性，数据当前的分布格局以及未来的趋势特征。

数据之所以引起高度重视，被列为新的生产要素，显然在于其价值。第二章总结了数据创造价值的三个维度，并分别从国家、企业、用户三个层面探讨了数据所带来的具体价值。也给诸如"数据是万能的""数据就是一切"这样的观点"泼了一盆冷水"，希望可以更加客观、理性地看待数据与以客户为中心的产品和服务、数据与数据能力之间的关系。

数据只有利用起来，才会带来价值，与数据利用相伴生的就是个人信息的保护问题。数据的利用和个人信息的保护并不是零和博弈，实现两者协同是坚持数据治理"以人为本"的必然要求。第三章在概述国内外个人信息保护立法实践的基础上，指出技术创新和制度创新可能是实现数据利用和个人信息保护协同、平衡的可行思路，并介绍了相关创新实践和方案。数据的利用依赖算法，个人信息保护也就必然涉及对算法的规制，第三章最后一节讨论了应该如何看待和规范算法及算法应用，以实现对用户合法权益的保护。

数据权属的界定被认为是数据有效利用和保护的前提，特别是在数据的开放分享和多方流转中。但因为数据权利主体的多元性、权利内容的多维性，社会各界尚未对数据权属有一致的结论。第四章对国内外经济学家和法学家关于数据权属的观点进行了梳理总结，主要分为三部分：一是对数据权本身的理解；二是数据权利配置的思路和逻辑（根据公共选择理论，在"结果"层面分歧较大时，从"过程"层面寻求共识是解决分歧的重要策略）；三是个人权益保护和数据利用视角下，目前专家学者们关于数据权利配置的一些观点与论述。

第五、六章围绕数据开放分享展开。第五章介绍了全球数据开放分享的背景、国内外政府数据开放进展以及企业数据对外分享的探索实践，最后，阐述了我们对未来数据开放分享模式的思考与理解。我们认为，未来的数据分享会有两个核心特征：一是一定是分布式的，而不是集中式的；二是相比于数据本身，未来会更加注重数据价值的分享和流通。隐私计算会成为未来分布式数据价值分享体系的技术底座，在满足数据安全、隐私保护和监管合规的前提下，实现数据价值的互联互通。鉴于隐私计算技术的价值，第六章专章介绍了隐私计算技术体系以及应用落地案例，并对隐私计算技术的未来发展趋势以及面临的挑战进行了探讨。

第七、八、九章所关注的内容则与国际博弈有着更紧密的关联。在经济全球化的背景下，跨境数据流动政策已经成为国际经贸规则中的前沿议题和大国间战略博弈的焦点之一。第七章梳理了美欧等重要国家和地区的数据跨境流动政策，总结了全球跨境数据流动政策的特征与趋势，并分析了我国的机会与威胁、优势与劣势，最后提出了中长期持续改善和短期快速突破的具体建议。第八章则聚焦数字税改革问题。习近平总书记指出要"积极参与数字货币、数字税等国际规则制定，塑造新的竞争优势"①，而系统认识和把握全球数字税的改革背景和国际现状是参与数字税国际规则制定的前提。第八章在介绍国际数字税改革背景和现状的基础上，提出数字税改革的发展趋势及应对建议。第九章总结了数据治理的国际形势和趋势，并从优化我国数据治理制度和生态的角度，阐述了关于政策制定和企业责任的一些思考。

本书是集体创作的研究成果，从全书框架的设计，资料的搜集整理、讨论到写作，都有众多的参与者，其中撰写书稿的成员有：李振华（总撰稿、统稿工作和报告审阅），王同益（第一章、第三章、第四章、第五章、第七章），马冬冬、程志云、阎妍（第二章），方燕（第四章），宫靖（第五章），王力、孙曦、吴文钦、黄慧、季雨洁、闫守孟（第六章），李韵菁、顾伟（第七章）、谭崇钧、张凌霄、刘奇超、张琦（第八章）、郑乔剑（第九章）。倪丹成、李海英、韦韬、冯超、樊振华、卢龙、李怀勇亦有贡献。同时，要感谢高红冰、陈龙、聂正军、王莹、宋秀卿、张青春为本书提供的真知灼见和大力支持。

当前，数据治理是个热门话题，数据治理相关的观点和研究汗牛充栋，数据相关的制度、政策、技术与实践演变也非常快。本书

---

① 习近平：《国家中长期经济社会发展战略若干重大问题》，《求是》2020 年第21 期。

只是一家之言，受时间和能力限制，疏漏和不足之处在所难免。欢迎各位专家、读者批评指正，通过共同探讨和多方交流，不断深化对数据治理问题的认识。

目 录

**第一章 认识数据** …………………………………………………… 1

第一节 什么是数据 ……………………………………………… 3

第二节 数据特性 ………………………………………………… 12

第三节 数据格局与趋势 ………………………………………… 17


**第二章 数据的价值** ……………………………………………… 27

第一节 数据创造价值的三个维度 ……………………………… 29

第二节 数据对于国家的价值 …………………………………… 34

第三节 数据对于企业的价值 …………………………………… 40

第四节 数据对于用户的价值 …………………………………… 44

第五节 数据价值不仅来源于数据本身,更来源于数据能力 ……… 48


**第三章 个人信息保护** …………………………………………… 53

第一节 个人信息保护立法实践 ………………………………… 55

第二节 个人信息保护中的技术创新 …………………………… 62

第三节 个人信息保护中的制度创新 ·············· 67

第四节 个人信息利用中的算法问题 ·············· 71


第四章 数据权属 ············································ 75

第一节 对数据权的理解 ································ 77

第二节 数据权利配置的几种原则和思路 ·············· 85

第三节 个人权益保护视角下的数据权利配置 ·········· 92

第四节 数据要素价值发挥视角下的数据权利配置 ······ 98


第五章 数据开放分享 ······································ 103

第一节 全球数据开放分享的背景 ···················· 105

第二节 国外数据开放分享的发展情况 ················ 107

第三节 中国数据开放分享的发展情况 ················ 115

第四节 数据开放分享的未来模式：分布式数据价值分享 ········ 122


第六章 隐私计算 ············································ 127

第一节 隐私计算技术体系 ···························· 129

第二节 隐私计算应用模式及典型应用场景 ············ 140

第三节 隐私计算发展趋势展望与建议 ················ 150


第七章 数据跨境流动 ······································ 155

第一节 为什么关注数据跨境流动问题 ················ 157

第二节 重要国家和地区的数据跨境流动政策 ·········· 163

第三节　全球跨境数据流动政策特征与趋势 ·················· 173

第四节　我国数据跨境流动管理现状及完善空间 ·················· 179

第五节　对于我国数据跨境流动管理的建议 ·················· 185


**第八章　数字税改革** ·················· 191

第一节　数字税改革的主要背景及其历史演进 ·················· 193

第二节　数字税改革的国际现状：多边方案、单边措施与热点

话题 ·················· 198

第三节　数字税改革的争议与因应之策 ·················· 210


**第九章　全球数据治理趋势与展望** ·················· 215

第一节　数据治理国际形势与趋势 ·················· 217

第二节　关于数据治理政策的几点思考 ·················· 222

第三节　关于数据治理中企业责任的几点思考 ·················· 225

● 第一章

○ 认识数据

　　数据无处不在，大部分人也都认为自己非常熟悉数据，但当我们在讨论数据时，却又经常把数据与信息、隐私等混为一谈。我们经常把数据当作普通的商品来看待，然而数据却有着不同于一般商品的诸多特性。那么，数据与信息之间有何联系，又有何不同？数据从何而来？数据有哪些特性？目前的数据规模有多大，在不同主体间的分布如何，数据又表现出哪些趋势？本章旨在对以上基础性问题作一探讨，以期加深广大读者对数据的认识和理解。

### 第一节　什么是数据

#### 一、数据与信息

数据是数字比特的结构化结合，它在计算机里以二进制信息单元 0 和 1 的形式存在。

Data 一词来源于拉丁语，是 datum 的复数形式，意思是"已知"，也可以理解为"事实"，更准确地说，是通过数字、表格、图形对事实的客观记录。这也是对"数据"传统的理解，日常习见的财务数据、经济数据、统计数据、科学实验数据等，都属于这种理解。但在计算机发明之后，尤其是在大数据时代，"数据"有了更为现代的内涵。随着信息技术的突飞猛进，文字、声音、图像、视频，乃至客观世界的一切都正在或即将被数字化，数字比特成为记录、描摹、再现、重构、发明物质世界和人类活动的新载体。[①]

关于数据与信息的关系，有一个非常经典的"数据—信息—知识—智慧"框架（简称 DIKW，由 Data、Information、Knowledge、Wisdom 的首字母组成，如图 1—1 所示）。数据是对客观事物的数量、属性、位置及其相互关系的抽象表示，比如，传感器对设备温

---

① 〔英〕维克托·迈尔·舍恩伯格、肯尼斯·库克耶著，盛杨燕、周涛译：《大数据时代》，浙江人民出版社 2013 年版，第 28 页。

度或者室外温度的记录，在计算机里以二进制信息单元 0 和 1 的形式表示。对数据进行处理和加工，就可以提取出人可以理解的信息，用信息论的奠基者香农的话说，信息是用来消除随机性的不确定性的东西。大数据有一个特点，就是低价值密度，也表明数据与信息的差别，价值密度说的其实就是从一定规模的数据中提取出有价值信息量的多少。对信息再进行总结归纳，将其体系化，信息之间产生了联系，就形成了知识。智慧，则是在我们有了大量的理论知识之后，加上我们的亲自实践，得出的人生经验或者对世界的看法，有较强的主观色彩。比如，孔子、孟子这些先贤，我们一般不会称他们是有知识的人（当然他们肯定是有知识的），我们通常会称他们为有智慧的人，因为他们给我们留下的东西带有他们强烈的主观色彩。在大数据时代，由于科技的发展、信息基础设施的完善，能够搜集到大量的、多维度的数据，然后再利用数据分析工具和算法从数据中提炼信息、总结知识，我们甚至可以依靠机器学习来寻找解决现实问题的有效方案（即机器智慧）。大数据价值的发挥过程，也就是数据—信息—知识—智慧四个要素的转化过程。

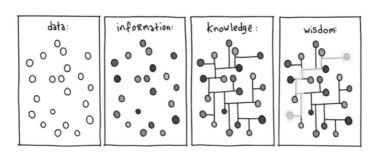

图 1—1　DIKW 框架示意图

资料来源：Gapingvoid.

数据和信息的学理纠葛由来已久，[①] 在我国现有立法和司法中，数据和信息的混用也屡见不鲜。《中华人民共和国电子商务法》第25条、《人类遗传资源管理条例》第24条、《废弃电器电子产品回收处理管理条例》第17条以及在"阳光数据诉霸财数据案""新浪诉脉脉案"的民事判决书中，均不加区分地使用"数据信息"的概念。数据和信息的混用已滋生大量争议。比如，个人信息删除权、更正权，究竟删除/更正的是信息，还是底层的数据？当我们追本溯源，探究删除权、更正权所追求的价值，从法律目的切入进行理解时，就会明白，删除权、更正权的本意是保护信息主体的人格权，而不是数据权益，通过匿名化、密钥删除、设置访问权限等方式切断数据与个人信息主体身份之间的联系皆可被视为完成了删除，而不一定要求删除底层的数据。

事实上，《中华人民共和国民法典》（以下简称《民法典》）第111条和127条已经对"个人信息"和"数据"分而对之，《中华人民共和国数据安全法》第3条"本法所称数据，是指任何以电子或者非电子形式对信息的记录"亦首次阐明了数据和信息的关系。基于此，在数字环境中，"数据"可被理解为"可通过特定设备读取的二进制比特集合"，"数据"是对"信息"的记录，而"信息"是"人对数据的读取、解读和沟通"。

数据与隐私的关联，则主要通过"个人信息"这一媒介产生。我国《民法典》指出，"个人信息中的私密信息，同时适用隐私权

---

① 关于数据和信息的多种观点，参见许可：《数据安全法：定位、立场与制度构造》，《经贸法律评论》2019年第3期。

保护的有关规定"，而"隐私是自然人的私人生活安宁和不愿为他人知晓的私密空间、私密活动、私密信息"。也就是说，如果某些数据记录的是个人信息，特别是个人的私密信息，就可能涉及隐私权。所以说，数据并不一定与个人信息相关，个人信息也不必然触及隐私，但不可否认的是，在数字时代，隐私跟数据的关联性在上升，对个人相关的数据的处理应当注意对个人隐私的保护。

## 二、数据的生产

如前文所述，"数据"是对"信息"的记录。在信息与数据的区分规则下，信息是一种不可见的流动性资源（fugitive resource），而数据就是数据生产者捕获信息所得的战利品。这是因为，任何数据都是物质的，也同时都是能量的，因为没有物质或能量，在热力学第二定理作用下，任何信息都将最终耗散。就此而言，数据的形成就是数据生产者运用电子技术、服务器和电能将世界上的弥散信息固定化的过程。[①]

所以说，数据并不是天然存在的，而是被生产出来的。高富平（2019）[②] 遵循这一基本逻辑构建的"数据生产理论"指出，在数据被作为一种资源的背景下，数据生产应成为构筑整个数据资源利用秩序的基础，以此可以构筑后续数据加工处理、流通交换和分析利用秩序。大数据的数据价值链，可以概括为"原始数据生产—数据

---

[①] 许可：《数据权属：经济学与法学的双重视角》，《电子知识产权》2018 年第 11 期。

[②] 高富平：《数据生产理论——数据资源权利配置的基础理论》，《交大法学》2019 年第 4 期。

集生产—数据分析利用"的循环，其中，前两环都属于数据生产，每一环由数据流通进行连接，最终得到的数据分析结果可以形成知识，进一步指导原始数据的生产（如图1—2所示）。

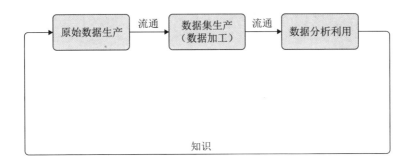

图1—2 数据价值链

资料来源：高富平：《数据生产理论——数据资源权利配置的基础理论》，《交大法学》2019年第4期。

原始数据的生产有两个关键要素：一是数据有关或描述的对象（主题），即数据源（data source），二是对该对象的数字化记录、描述和呈现。数据与所描述对象的分离过程（即数据化过程），就是"数据生产"。数据集是经过初步加工处理后，区别于原始数据的形态、含义和价值的数据，属于加工处理的数据，具有产品属性，因而数据集亦可以被称为数据产品。数据集的生产者是数据分析者的原材料供应者。这种原材料生产者也需要投入大量物力和财力，其劳动成果也需要得到保护。数据分析利用最终的价值是为人类各种决策提供知识或决策支持服务，而这一过程需要对数据进行深度的加工处理，发现分析对象的规律或预测未来趋势，从数据中得出新知识、新发现，以做出预测性判断或解决方案。数据分析处理是数据经济价值最终实现的前提。在数据经济时代，逐渐形成数据生产者、数据集的生产者（数据汇集处理）和数据分析者的社会分工，而促成这种分工的关键就是数据的流通（为数据集生产提供原料）和数据集流通（为数据分析提供原料）。

### 三、数据的分类

对于数据的分类，有基于不同角度的不同分法。表1—1总结了部分代表性分法，其中大家讨论最多的莫过于"个人数据"与"非个人数据"这一二元架构。这一分法之所以重要，也有很多争议，是因为涉及数据权属问题的讨论和界定，也涉及不同数据使用过程中合宜的保护强度。

欧盟的《通用数据保护条例》（GDPR）和《非个人数据在欧盟境内自由流动框架条例》采用的就是典型的"个人数据"与"非个人数据"思路。针对任何已识别或可识别的自然人相关的"个人数据"，其权利归属于该自然人，其享有包括知情同意权、修改权、删除权、拒绝和限制处理权、遗忘权等一系列广泛且绝对的权利。针对"个人数据"以外的"非个人数据"，企业享有"数据生产者权"（data producer right）。欧盟这一数据确权尝试并不成功。一方面，"个人数据"和"非个人数据"的分割与现有实践不符。个人数据的范围过于宽泛，在万物互联的当下，几乎没有什么数据不能够通过组合和处理，与特定自然人相联系。由此，同一个数据集往往同时包含个人数据和非个人数据，将相互混合的数据区分开来，即使不是不可能的，也非常困难。漫漶无边的保护对象和纷繁复杂的权利形态相结合，产生了过犹不及的效果，诸如伤及互联网成熟业态，阻碍人工智能、区块链和云计算等新兴产业的发展，最终戕害了创新。[①] Strand Consult 的报告就认为，GDPR 会对即将到来的欧洲 5G 网络开发和服务的价值链产生负面影响，使欧盟在移动通信方面继续落后于美国和中国。

需要指出的是，"个人数据"不能简单等价为"个人所拥有的数据"，这其实是两个不同层面的问题。"个人数据"与"非个人数据"本质上是关于数据所描述对象的划分，而"个人所拥有的数据"是关于数据所有权的界定。我们可以拿《蒙娜丽莎》这幅画作来做个示例：如果蒙娜丽莎确有其人，毫无疑问，这幅画所描绘的对象就是蒙娜丽莎，但这幅画的所有权又另当别论，应该归属蒙娜丽莎，还是达·芬奇？如果从数据生产理论的角度来看，数据价值背后是凝结的劳动，数据权属的界定应当遵循劳动价值论，根据劳动的价值贡献来分配，在《蒙娜丽莎》这个例子中，画作的所有权应当归属达·芬奇。不过，数据与普通的商品不一样，对于多元主体之多元利益载体的数据而言，数据之上负载着多个物权、债权、其他权利甚至包括无权利基础占有的情形，其实质是权利竞合或权利冲突。所以，不应简单地将数据视为"物"，仅从"物权"的角度去讨论数据权属问题，可能更要从"关系"入手，去探讨数据之上多项权利以及多个权利人之间的关系。[②] 对于与个人相关的数据的权属问题，目前尚没有统一的认识，更具体的讨论将在第四章中展开。

---

① 对外经济贸易大学数字经济与法律创新研究中心：《数据权利研究报告》，2021 年 5 月。

② 苏永钦：《大民法的理念与蓝图》，《中外法学》2021 年第 1 期。

**表1—1 不同学者关于数据的分类**

| 分类标准 | 学者（年份） | 分类 | 定义 |
|---|---|---|---|
| 按是否能识别个人分 | 高富平（2019）① | 个人数据 | 凡是单独可以识别出特定自然人的数据或者与其他数据结合后能够识别出自然人的数据，都是个人数据，包括用户提供的和用户创制的数据 |
| | | 非个人数据 | 除个人数据外的其余数据，既包括"无关个人的数据"，也包括个人数据"去识别"＋"不能复原"处理后的数据 |
| 按数据来源分 | 程啸（2018）② | 传统信息系统产生的数据 | 如商务过程的数据 |
| | | 环境状态的数据 | 由传感器产生的数据 |
| | | 社会行为的数据 | 人类在社交媒体上进行交际而产生的数据 |
| | | 物理式实体数据 | 如数字化制造如3D打印而产生的数据 |
| 按数据的生产与权属分 | 武长海，常铮（2018）③ | 底层数据 | 有个人隐私信息的数据，数据主体具有无可辩驳的完整权利，未经许可不能取得、使用、交易 |
| | | 匿名化数据 | 即经过匿名化处理的数据，使用、交易的权利应当归属于数据控制者。企业应当对数据的匿名化以及匿名化后的后续利用的隐私及信息安全风险进行评估。如果该风险较高，企业在行使所有权时应当有一定的限制 |
| | | 衍生数据 | 对于经过数据清理、数据可视化等技术手段进行加工以完成可应用改造的衍生数据，数据控制者应当拥有专有权。如政府大数据、医疗大数据、金融大数据、企业大数据等 |

---

① 高富平：《数据生产理论——数据资源权利配置的基础理论》，《交大法学》2019 年第 4 期。

② 程啸：《论大数据时代的个人数据权利》，《中国社会科学》2018 年第 3 期。

③ 武长海、常铮：《论我国数据权法律制度的构建与完善》，《河北法学》2018 年第 2 期。

续　表

| 分类标准 | 学者（年份） | 分类 | 定义 |
|---|---|---|---|
| 按数据的生产与权属分 | 丁道勤（2017）① | 基础数据 | 正常理性人采取通常的方式方法可以识别的特定身份的数据，所有权归属个人 |
| | | 增值数据 | 主要包括用户使用了数据处理者的应用程序或信息服务所产生的那些不足以识别特定人身份的数据，以及数据挖掘分析产生的数据报告等。数据处理者享有经个人数据主体同意基于基础数据进行加工编辑分析而产生的增值数据所有权 |
| | 吕廷君（2017）② | 身份数据 | 公民的姓名、身份证号码、手机号码、种族、政治观点、宗教信仰、基因、指纹等具有较强身份属性的信息，严格按照隐私权相关法律法规管理 |
| | | 样本数据 | 通过个体数据汇聚成的用户个人状况、行为、需求的数据库以及通过分析和挖掘以上数据获得的相关数据，所有权应为用户和数据收集方共有，但经营使用权建议应掌握在能够发挥其价值的数据收集者手中 |

---

① 丁道勤：《基础数据与增值数据的二元划分》，《财经法学》2017年第2期。
② 吕廷君：《数据权体系及其法治意义》，《中共中央党校学报》2017年第5期。

第二节 **数据特性**

关于"大数据"的"5V"特征，即 Volume（大量）、Velocity（高速）、Variety（多样）、Value（低价值密度）、Veracity（真实性），已经为大家所熟知，除此之外，数据的收集和使用还表现出更多的经济学特性。

## 一、数据的收集不具有排他性

与有形资产不同，数据的收集不是零和博弈。对于同一个数据对象或者同一类信息，不同主体可以通过不同途径收集、拥有，不具有排他性。比如，一位演讲者发表演讲，演讲内容本身属于信息和知识层面，不同的听众都可以据此形成自己的记录，A 听众的记录并不影响 B 听众形成自己的记录。数据收集的非排他性，对于商业主体而言也是如此。由于客户会同时使用多个机构/商家的服务（即多栖性）是普遍状态，新入者只要找到合理的商业模式进入市场，就可以获得相似的数据。例如，淘宝和天猫看似聚集了中国网络零售市场最大的消费者与商户数据，京东依然可以依靠差异化竞争获取大量用户及数据，之后的拼多多也是快速崛起，与阿里巴巴和京东竞争并获取相同类型的数据。所以说，数据收集本身并不存在排他性，各类市场主体关键还是要通过产品和服务创新得到客户的认可。

## 二、数据的使用具有非竞争性和可替代性

首先，数据的使用具有一定的非竞争性。和物理商品不同，数据一旦被生产出来，就可以被无数次使用，A 对某一数据的使用并不直接影响 B 对该数据的使用，尤其是 A 和 B 不在同一个产品/服务市场竞争的时候。考虑到数据的非竞争性，鼓励数据的流通和使用，也就是最自然的推论，应尽可能释放数据对于整个社会的价值。不过，对于数据价值的释放模式，应不断创新、持续丰富[1]，不能将数据要素市场建设简单化理解为"原始数据直接对外交易"，基于数据对外提供服务（不直接提供数据）、对外提供数据产品（不提供原始数据但提供加工后的数据产品）、基于原始数据进行计算但通过多方安全计算等隐私计算技术实现"可用不可见""可算不可识"等多种模式都应该被考虑在内。

数据的使用具有明显的可替代性，特别是在大数据时代。获取数据的直接目的是进行分析，对目标群体或者行为画像。然而对于同一个目的，很多时候可以通过不同类型的数据实现。例如，对于某类消费者对于运动鞋的偏好，线上的电商、搜索引擎、社交平台甚至短视频平台以及线下商场均可以通过不同类型的数据进行分析，得到近似的结论。不同类型的数据均可以满足相同的目标，可以说是"条条大道通罗马"。相关实证研究也证明，数据存在着广泛的替

---

① 辰昕、刘逆、韩非池：《积极培育壮大数据产业（人民要论）》，《人民日报》2021 年 3 月 17 日。

代性。比如，Graef（2015）[①] 发现，搜索引擎借助搜索排序记录"交叉复现或验证"揭示出的对特定群体的音乐偏好结果，与社交网络对同一群体在社交平台共享记录揭示出的音乐偏好信息基本相同，Lerner（2014）[②] 证明，亚马逊收集到的购物记录数据在提升广告精准化方面与谷歌拥有的数据一样高效。

### 三、数据的价值发挥具有时效性

数据的有效价值总是随着时间的推移而快速衰减。Statista 网对谷歌广告数据研究显示，当今世上现有数据中的90%创自于近2年，而那些仍未经加工的原始数据中的70%经过90天就将过时。[③] 数据信息贬值快的原因有二：一是随着数据技术的不断深入，数据收集、处理能力不断提高，同一场景的数据可以收集的维度越来越多，颗粒度也越来越细，目前已经收集的数据会被新收集的更高质量数据替代，因而不断贬值；二是世界变化速度快，现有数据只反映过去的状况，在瞬息万变的世界里规律性的东西或许已改变。

第二个原因尤为重要。历史数据或许在分析市场趋势方面有用，但是在指导即时决策方面的价值很有限。比如，过去的广告数据就无助于广告商在实时投标过程中决定展示哪个广告。同时，在像搜

---

[①] Graef. I. . "Market Definition and Market Power in Data：The Case of Online Plat-forms", World Competition：Law and Economics Review 38（4）, 2015, pp. 473 – 505.

[②] Lerner, A. . "The Role of Big Data in Online Platform Competition", August 26, 2014. Available at SSRN：https：//ssrn. com/abstract = 2482780.

[③] 方燕：《论经济学分析视域下的大数据竞争》，《竞争政策研究》2020 年第 2 期。

索引擎这样数据差异性大且更新率高的领域，历史数据的价值更低。据谷歌披露，其每天用户的搜索关键字和搜索结果排名记录中有15%是最新的，这意味着搜索算法不断需要新数据才能提供最相关的搜索结果排名。①

## 四、规模报酬递减规律同样适用于数据

大规模的数据有助于更加准确地统计样本规律，减少统计推断的样本偏差，但偏差的减少幅度会随着数据规模的增加而不断减少。Lerner（2014）对在线搜索和在线广告市场的研究发现，用户数据用于改善搜索结果的质量提升的效果越来越差，用于提高广告投放到目标受众的精准度的效果也如此。② 鉴于规模报酬快速递减的特性，大规模企业可能在数据规模突破某个临界值后从额外新增数据中获得的边际价值趋于零，而中小企业更可能从新增数据中获得显著大于零的边际价值，从而更有动力通过投资服务质量和研发环节，来吸引更多的用户。

由于数据规模报酬递减规律的存在，新进入者要在数据要素层面富有竞争性，需要拥有的数据量将远远低于在位者通过多年积累的数据量。在2010年微软并购雅虎搜索业务案中，欧盟竞争委员会引用了微软提交的一份研究报告，该研究报告显示，对于绝大多数

---

① Renda，A.，"Searching for Harm or Harming Search? A Look at the European Commission's Antitrust Investigation Against Google"，CEPS Special Report No. 118，September 2015.

② Lerner，A.. "The Role of Big Data in Online Platform Competition"，August 26，2014. Available at SSRN：https：//ssrn. com/abstract = 2482780.

频繁使用的关键词，微软 Bing 搜索算法下的搜索结果与关键词间的相关度，与谷歌和雅虎搜索下的相关度的总体差距并不大，虽然前者与后两者在数据规模上有着巨大的差距。

**数据格局与趋势**

### 一、今天的"大"数据，明天的"小"数据

数据规模正以"爆炸"式速度增长，今天的"大"数据在明天看来就是"小"数据。根据著名信息技术咨询机构 IDC 发布的《数字化世界——从边缘到核心》白皮书，2020 年全球产生约 55ZB 的数据，是 2015 年的 3 倍，2025 年产生的数据规模将达到 175ZB，是 2015 年的 10 倍（如图 1—3 所示）。其中，中国的数据增速最快。2018 年，中国数据圈占全球数据圈的 23.4%，即 7.6ZB，预计到 2025 年将增至 48.6ZB，占全球数据圈的 27.8%，中国将成为全球最大的数据圈（如图 1—4 所示）。

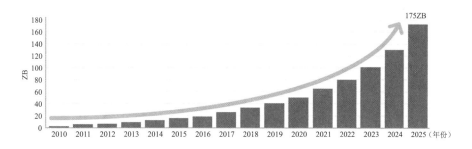

图 1—3　全球每年产生的数据规模（2010—2025 年）

资料来源：IDC：《世界的数字化——从边缘到核心》白皮书，2018 年 11 月。

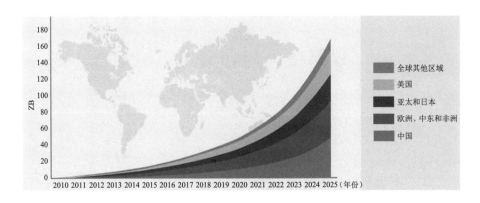

图 1—4　全球数据圈规模和增长（按区域划分）

资料来源：IDC：《世界的数字化——从边缘到核心》白皮书，2018 年 11 月。

从数据的价值规模来看，据国家工信安全中心测算数据，2020年，中国狭义的数据要素市场①规模达到 545 亿元，"十三五"期间，市场规模复合增速超过 30%；"十四五"期间，这一数值将突破 1749 亿元，整体上进入高速发展阶段（如图 1—5 所示）。如果从广义的大数据产业价值规模（包括数据资源建设、大数据软硬件产品的开发、销售和租赁活动，以及相关信息技术服务）来看，根据智研咨询的估算，2017 年中国大数据产业规模为 4700 亿元人民币，同比增长 30%，2020 年这一规模超过 1 万亿元人民币，年均复合增速近 30%（如图 1—6 所示）。

---

①　包含数据采集、数据存储、数据加工、数据流通、数据分析、生态保障六大模块，未包含数据应用的部分。

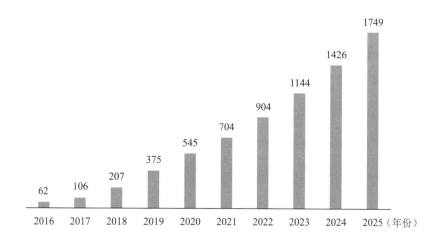

图1—5 2016—2025 年中国数据要素市场规模（单位：亿元）

资料来源：国家工业信息安全发展研究中心：《中国数据要素市场发展报告（2020—2021）》，2021 年 4 月。

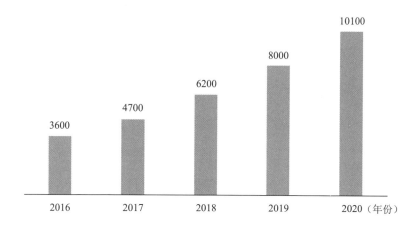

图1—6 2015—2020 年中国大数据市场产值（单位：亿元）

资料来源：智研咨询：《2020—2026 年中国大数据行业市场现状调研及投资前景研究报告》，2019 年 11 月。

## 二、数据在不同主体间的分布

政府可能是目前拥有最多数据的主体。李克强总理曾一针见血地指出，"目前我国信息数据资源80%以上掌握在各级政府部门手里，'深藏闺中'是极大浪费。"① 正是因为政府数据在社会数据中占比如此之大，如何发挥好政府数据已经成为我国数据要素市场建设的重中之重。《中共中央 国务院关于构建更加完善的要素市场化配置体制机制的意见》在"加快培育数据要素市场"部分，第一条就提出"推进政府数据开放共享"，并具体要求"优化经济治理基础数据库，加快推动各地区各部门间数据共享交换，制定出台新一批数据共享责任清单。研究建立促进企业登记、交通运输、气象等公共数据开放和数据资源有效流动的制度规范"。

我国政府部门已经在数字政府建设方面做了很多努力和创新，并把数据开放作为其中重要的建设内容。中国信息通信研究院发布的《数字时代治理现代化研究报告——数字政府的实践与创新（2021年）》总结道，我国数字政府建设主要呈现自下而上、分散推进、百花齐放的特征，并相继涌现广东、浙江、贵州等成果建设经验，比如，"由点到面全面铺开，流程再造先行"的浙江模式；"自上而下统筹建设，机构改革先行"的广东模式；"打造包容创新环境，产业发展先行"的贵州模式。政务数据收集、存储、清理、共享、开放、利用的全生命周期管理，是数字政府建设的基础工作，也是核心工作，尤其是打破信息孤岛和加强数据开放。可以预见的是，未来，政府部门将合理、有序推动政府数据（如信用、卫生、医疗、企业登记、行政许可、交通、就业、社保等）更深度地开放

---

① 《李克强：信息数据"深藏闺中"是极大浪费》，中国政府网，http://www.gov.cn/xinwen/2016-05/13/content_5073036.htm.

共享，为企业、个人、社会提供数据资源，更好地发挥政府数据的公共性，进一步促进数据红利充分释放。

金融行业一直是信息技术运用的先锋，所以也是数据"大户"。虽然我国金融电子化相对西方国家起步较晚，但在金融电子化建设方面进展神速，在金融通信网络和金融业务处理等方面已发生了根本性变化，已建成的电子化金融系统对加强金融宏观调控、防范化解金融风险、加速资金周转、降低经营成本和提高金融服务质量发挥了重要作用，推进我国国民经济金融快速、健康和稳定发展。我国金融电子化大致分为四个阶段：第一阶段是1970—1980年，银行的储蓄、对公等业务以计算机处理代替手工操作；第二阶段大约是20世纪80年代到90年代中期，逐步完成了银行业务的联网处理；第三阶段，大约从20世纪90年代中到90年代末，实现了全国范围的银行计算机处理联网，互联互通；第四阶段，从2000年开始，隔行开始进行业务的集中处理，利用互联网技术与环境，加快金融创新，逐步开拓网上金融服务，包括网上银行、网上支付、手机银行等。

作为中国支付和金融业的主导力量，商业银行长期以来也积累了大量优质金融数据。2015年6月，时任中国工商银行副行长谷澍表示，商业银行比互联网企业更具有客户数据优势，数据规模并不少，甚至可以说更大，历史更长，忠诚度更高，能够更加全面准确地反映客户的金融行为。[1] 2015年12月，时任中国银行副行长朱鹤新表示，商业银行经过多年的信息化建设，已经积累起海量的金融

---

[1] 《谷澍：商业银行拥有客户数据优势》，人民网，http://politics.people.com.cn/n/2015/0611/c70731-27135740.html。

业务数据，这些精确、高密度的金融业务数据始终是银行最基础和最核心的数据资产，价值挖掘潜力巨大。① 2019 年 11 月，银行业协会党委书记潘光伟表示，经过多年积累，银行业金融机构积累了大量客户数据、交易数据、外部数据等，具备数字化转型的先天优势。② 2020 年 9 月，时任中国建设银行行长刘桂平指出，商业银行沉淀海量客户信息和经营数据，同时能够连接巨量外部公共数据资源。③ 根据赛讯咨询公司（Celent）报告，仅 2016 年，中国银行业掌握电话记录数据 5671TB、业务数据 9807TB、数据仓库数据 18598TB、其他结构化和非结构化数据总计 47897TB（详见表 1—2）。

表 1— 2　2012—2016 年中国银行业数据规模（单位：TB）

| 数据类型 | 年份 | | | | |
|---|---|---|---|---|---|
| | 2012 | 2013 | 2014 | 2015 | 2016 |
| 电话记录数据 | 938 | 1294 | 2459 | 4501 | 5671 |
| 业务数据 | 1688 | 2735 | 3610 | 6858 | 9807 |
| 数据仓库数据 | 3125 | 5938 | 12469 | 14090 | 18598 |
| 其他结构化数据 | 5313 | 9670 | 15085 | 20213 | 27288 |
| 非结构化数据 | 3938 | 4962 | 7641 | 14213 | 20609 |

资料来源：转引自于鑫芳：《大数据下商业银行发展研究现状、影响及路径选择》，《债券》2018 年第 4 期。

过去，商业银行的服务聚焦中大型企业、中高收入人群和大额

---

① 《中国银行副行长朱鹤新：商业银行大数据战略与规划思考》，中国银行，http：//www. boc. cn/big5/aboutboc/ab8/201512/t20151230_ 6138884. html.

② 《潘光伟：多措并举提升银行业数据治理能力》，新华网，http：//www. xinhuanet. com/fortune/2019－11/27/c_ 1125282008. htm.

③ 《银行业数字化转型之路如何走？六大国有银行行长们这么看》，新浪财经，https：//finance. sina. com. cn/chanjing/cyxw/2020－09－23/doc-iivhvpwy8337883. shtml.

低频场景，对于中低收入人群和小额场景覆盖不足，因而也缺乏这方面的数据。近年来，金融服务的普惠性有明显提升，商业银行通过强化自身数字化经营能力或者与互联网平台合作，向服务全量客户和小额高频场景渗透，靠提高服务质量、提升用户体验去竞争中长尾客户和小额场景。从手机银行用户数这一数据来看，五家国有大行手机银行用户数量合计已超过 10 亿户；股份制商业银行手机银行业务虽然在客户数量上与国有大行有差距，但在发展速度上却表现出了更为强劲的上升势头，平安银行、招商银行在 2017—2019 这三年中的复合增长率分别高达 46.44% 和 42.94%；一些区域性的城商行和农商行的手机银行用户数也保持高速增长，比如浙商银行 2017—2019 年的复合增长率为 77.06%。[①] 2020 年，银行移动支付金额同比增速平均为 24.7%，而非银行支付机构的同比增速为 17.5%，前者高出后者 7.2 个百分点（详见表 1—3）。

表 1—3　银行和非银行支付机构移动支付金额及增速对比

| 时间 | 银行移动支付金额 | 同比增速 | 非银行支付机构网络支付金额 | 同比增速 |
|---|---|---|---|---|
| 2020 年第一季度 | 90.8 万亿元 | 4.8% | 60.9 万亿元 | 5.0% |
| 2020 年第二季度 | 106.2 万亿元 | 33.6% | 70.2 万亿元 | 18.4% |
| 2020 年第三季度 | 116.7 万亿元 | 35.6% | 79.0 万亿元 | 23.4% |
| 2020 年第四季度 | 118.4 万亿元 | 24.8% | 84.5 万亿元 | 23.2% |
| 平均 | 108.0 万亿元 | 24.7% | 73.7 万亿元 | 17.5% |

资料来源：根据中国人民银行《季度支付体系运行总体情况》整理；《季度支付体系运行总体情况》只公布了非银行支付机构的"网络支付"口径下的业务规模，没有进一步细分移动端和电脑端。

---

① 《五大行手机银行客户数量合计突破 10 亿户》，新华网，http：//www.xinhua-net.com/money/2019 - 04/23/c_ 1124402798.htm.

互联网机构是数据的新"大户"。这一点应该是显而易见的，无须赘言。根据 IDC 的估算，在 2010 年时，每个联网的人平均会有 298 次的数据互动，2020 年这个数据达到了 1426 次，但这并不是上限，到 2025 年，这个数据将超过 4900 次，也就是说，每隔 18 秒就会有 1 次数字化互动。除了人的互动产生的数据，未来很大一部分数据将来源于机器。IDC 预测，全世界到 2025 年将有超过 1500 亿台联网设备，其中大多数都会实时创建数据。例如，制造车间里的自动化设备要依靠实时数据来实现工艺控制和改进。实时数据在 2017 年占到数据圈的 15%，而到 2025 年将接近 30%。①

互联网机构的数据规模不一定有金融机构数据规模大，但互联网机构在数据的价值挖掘方面起步早，投入大，模型算法能力也相对领先。所以，如果从数据已挖掘的价值来看，互联网机构所占有的份额应该要更高一些。人工智能是数据挖掘的最重要工具，根据国家工业信息安全发展研究中心、工信部电子知识产权中心联合发布的《2020 人工智能中国专利技术分析报告》，截至 2019 年底，中国人工智能技术专利申请总量首次超过美国，成为全球申请数量最多的国家，其中，互联网企业和高等院校是人工智能技术发展的主力军，百度、腾讯、阿里巴巴等互联网企业无论在专利申请量和授权量中都名列前茅。

### 三、分散的数据呼唤有序、安全、合规的数据流通

数据分散是客观存在的，打破数据孤岛、实现数据价值的流通

---

① IDC：《世界的数字化：从边缘到核心》，2018 年 11 月。

是数据利用的客观要求。当前，政府单位、金融机构、互联网企业等不同类型的主体内都沉淀了大量的消费者和企业数据，而且这些数据之间的互补性是比较明显的。站在发挥整个国家数据要素价值的角度来看，加强多方数据的流通、交互，将可以有效地提高各方的运营效率和稳健性，从而为我国数字经济创新发展提供强大动力。

未来，数据分布会更加分散化、扁平化。数据规模正以"爆炸"式速度增长，部分企业虽然在数据生产和积累上有一定先发优势，但在数据巨大的增量下，这种先发优势很快会被追平。而且随着5G、物联网、工业互联网等技术的快速发展，图片、音频、视频、地理位置、使用偏好等数据形态越来越丰富，数据收集的难度将进一步下降，不同的主体会发挥自己的比较优势，通过不同的方式有侧重地收集和处理一类或者几类数据形态，这也将导致数据的分布更加扁平化。

我们可以预见，一座座"数据小岛"并不会消失，相反，"数据小岛"一定会越来越多。既然"数据小岛"无法被消灭，加强"数据小岛"之间的互联互通便是必然路径。如果数据的流通被限制，"数据小岛"将成为真正的数据孤岛，数据将失去生命力，也不再是有效的生产要素。需要做的是，在一座座"数据小岛"之间架起桥梁，让数据的价值能够流动起来，这样才能最大化释放数据的价值。党中央和国务院已经明确要求，迎接数字时代，激活数据要素潜能，以数字化转型整体驱动生产方式、生活方式和治理方式变革，为实现这个目标，架桥铺路，实现数据有序、安全、合规的流通，将是必然途径。

第二章

# 数据的价值

　　我们身处大数据时代，与互联网相连的设备不断增加，经济活动已经离不开互联网，沉淀了海量的数据，同时也有海量的数据被用于分析、决策和建立信任关系。那么，数据如何创造价值？对于国家、企业和用户，有哪些不同的情景体现这些价值？不断创造和提高数据价值的关键在哪里？在本章中，我们将尝试寻找以上问题的答案。

**数据创造价值的三个维度**

　　数据并非天然具备价值，数据的价值在使用过程中得以产生，并包括了三个维度：数字化连接、数据分享优化决策、数字建立信任。[①] 概言之，大数据的广泛连接与分享正从根本上改变在线互动和合作模式，改变了消费者和生产者之间的联系，增强了买方和卖方之间的信任，并帮助消费者、商家及生产者、金融机构乃至政府部门实现更好、更快的决策。

**一、数字化连接**

　　在数字技术的帮助下，数据的产生和分享变得便捷。通过数据分享，广泛连接得以实现，普惠性连接达到了前所未有的水平。与此同时，组织生产、协作的方式也得到了重新的定义。

　　以贸易为例，线下贸易一直被描述为引力模型：当地市场的大多数顾客来自10千米半径范围内。如果把距离拉得更远，买家和卖家根本感知不到对方。他们对于商品和服务的品种、质量、价格，以及客户需求、卖家信誉等细节缺乏准确的信息。而电子商务平台的出现极大程度上拓展了贸易的范围、深度和广度。在淘宝平台上，

---

　　① 罗汉堂：《了解大数据：数字时代的数据和隐私》，2021年3月，详见罗汉堂官网。

除生鲜食品外，买家和卖家之间的平均购物距离接近 1000 千米，比历史平均水平高出两个数量级。引力模型对贸易的束缚已经被打破。从连接的范围看，每个月都有超过 7.2 亿的活跃用户在淘宝上购物，为他们服务的初创企业和公司超过千万家。

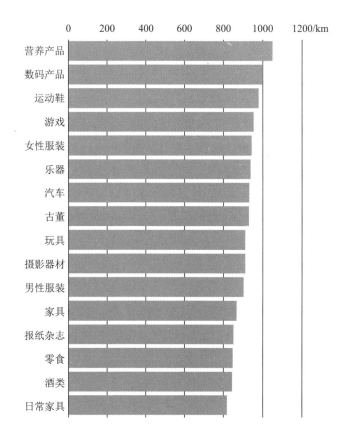

图 2—1　淘宝与天猫不同品类物品平均交易距离

资料来源：罗汉堂：《了解大数据：数字时代的数据和隐私》，2021 年 3 月。

市场的延伸之所以发生，在于信息流动大幅提速。与此同时，消费者与生产者匹配效率的提高也不可忽视。因为客户有数十亿种商品和服务可供选择，在单纯搜索功能的前提下，想要找到与自己所需非常匹配的物品，需要花费大量时间，而生产商也无法接触到所有潜在客户。如果说传统市场的主要障碍是缺乏信息，那么数字时代的新障碍就是信息超载。为买卖双方牵线搭桥的有效机制，也就是化数据为有效信息的机制至关重要。而这就是"大数据"的价值所在。

## 二、数据分享优化决策

传统市场中，中小企业和个人很难获得关于产品和消费品的信息，其消费及生产决策缺乏有效的信息支持，而更多地基于经验和便捷性。数字时代，这一情况得以改观，基于海量的、多种类、高频次的数据，无数消费者和生产者得以获得相关信息，并作出更明智的决策，产品的创新也变得更高效、更有的放矢，新的商业模式以及新的产业组织形式也随之出现。

具体来说，对于普通消费者的决策，数字平台正越来越多地使用推荐系统来更好地帮助消费者找到自己想要的产品或服务，从而作出更明智、高效的购物决策。之所以能做到这一点，是因为数字平台通过使用消费者的包括购买历史、搜索活动和个人特征等方面的数据，通过相关算法，来预测消费者最可能需要的商品和服务。对于商家而言，大数据能帮助生产商更好地了解客户，从而作出更受消费者喜爱的产品服务决策，而这对于中小微企业而言尤其重要，因为在传统市场，这些主体很难获得有关其消费者的、相对全面的信息。

数据在帮助政府优化决策方面也效果显著。我国特别重视信息化建设，习近平总书记亲自担任中央网络安全和信息化领导小组组长，而且多次在这一领域作出重要指示。推进我国社会的信息化建设，是我国迈入现代国家的标志。2020 年，我国取得的控制甚至战胜新冠肺炎疫情的成功，其经验之一就是成功地利用了信息化所积累和流通的数据。而美国等国家在抗疫斗争中一误再误，造成严重社会恶果的消极例证，也证明了我国信息化建设的正确性。[1]

### 三、以数字方式建立信任

哈耶克说，信息问题就是经济问题。信息流动是所有经济活动中不可或缺的一部分；没有信息流动，资本和消费品就不能从一个地方流向另一个地方。数据的分享将人们连接在一起，使生产商知道如何为客户服务，建立信任，并作出更明智的决定。

线上市场有数以亿计的参与者，这样的市场要正常运转，对产品及参与者的信任机制必不可少。[2] 有了在线的数据分享，消费者就能对商品和生产者进行评价。由于所有消费者都可以看到线上评价，生产者会通过这样的评价系统努力打造好的信誉，逐渐建立好信誉、可信赖的品牌意识，从而在长期实现更好的销售表现。

以淘宝网为例，淘宝网对卖家采用的是"红心—钻石—皇冠"评级系统。卖家可以通过积累消费者的好评来获得红心。五心卖家升级到钻石，五钻卖家则升级到皇冠。评级系统使用的信息来自消

---

[1]　孙宪忠：《关于〈个人信息保护法〉（草案）的修改建议》，中国法学网，http：//iolaw. cssn. cn/bwsf/202104/t20210408_ 5325166. shtml.

[2]　Tadelis, S., "The Market for Reputations as an Incentive Mechanism", Journal of Political Economy, 110 (4), 854 – 882, 2002.

费者的评价，即用户分享的购物体验和售后产品使用体验。而高质量的卖家可以通过信息分享脱颖而出并获益。罗汉堂（2019）研究发现，在评级提升后的一个月里，卖家的销售额通常会有显著增长；当评级从零到一颗红心，从五心到一钻，从五钻到一冠的时候，销量增幅最大；同时，信用升级也使得商家的投诉有所减少。①

---

① 罗汉堂（研究机构）：《数字技术与普惠性增长》，2019 年。

第二节 # 数据对于国家的价值

党的十九届四中全会首次将数据与劳动、资本、土地、知识、技术、管理等生产要素并列，党中央和国务院在《关于构建更加完善的要素市场化配置体制机制的意见》中进一步提出，要"加快培育数据要素市场"。毋庸置疑，数据要素在经济社会转型和国家竞争博弈中的基础性、全局性、引领性作用日益凸显。

## 一、服务数字经济发展

进入数字时代后，人类的生产活动正逐渐由物理世界深度转向"比特"世界，越来越多的生产环节需要在网络空间中独立完成，多数劳动者通过使用智能化工具，进行物质和精神产品生产。典型的生产要素从土地、劳动、资本、企业家才能、技术等转向用"比特"来衡量的数据。用"比特"来衡量的数字化信息将无处不在，人类用以改造自然的生产工具、劳动产品以及包括我们人类本身都将被数字化的信息所武装，能源、资源、资本等传统生产要素不断"比特"化，数据赋能的融合要素成为生产要素的核心，整个经济和社会运转被数字化的信息所支撑。[①] 数据对生产的贡献越来越突出，同

---

① 中国信息化百人会：《数据生产力崛起》，2021 年。

时也显著提升了其他生产要素在生产中的利用效率。

数据已成为当今经济活动中不可或缺的生产资料。数字经济的背后实际上是数据经济，甚至可以说"无数据，不经济"①。当今世界正经历百年未有之大变局，新一轮科技革命和产业变革是大变局的重要推动力量，数据是新一轮科技产业革命的重要驱动力。在数字经济时代，对数字化信息的获取、占有、控制、分配和使用的能力，成为一个国家经济发展水平和发展阶段的重要标志。

欧盟的《通用数据保护条例》（GDPR）给我们提供了另一个观察角度：数据过度保护对大数据产业以及经济发展带来的危害。GD-PR 对个人信息采集和使用行为采取了严格控制，其在提升个人信息保护水平方面取得了很大成效。但也有越来越多的证据表明，GDPR过于严厉的条款也正在伤害欧洲数据产业的发展和信息技术的创新。具体来说，主要反映在以下几个方面：

第一，抑制信息技术的创新。GDPR 严苛的数据采集限制对人工智能产业，特别是对深度学习、神经网络学习提出严峻挑战，也使得欧盟包括自动驾驶在内的 AI 产业的发展因为数据收集成本的提升而面临更多困境。德国数字贸易协会 Bitkom 进行的一项调查显示，有74%的受访者表示，个人信息保护要求成为开发新技术的主要障碍，而在 2017 年这一比例仅为45%。

第二，GDPR 高昂的合规成本压缩了初创企业的发展空间，进而巩固了大企业的优势地位。以在线广告行业为例，GDPR 生效以

---

① 参见赵刚：《数据要素：全球经济社会发展新动力》，人民邮电出版社 2021 年版。

后，谷歌由于具有更强的合规力量和产业引导力，在欧洲的市场份额不降反升。在数字经济时代，对于个人信息的处理可能涉及各行各业，而高昂合规成本对中小企业带来的成本压力也将随之蔓延。有统计显示，出于对 GDPR 合规的担忧，已有超过 1000 家美国网站阻止了来自欧洲用户的访问。

第三，抑制资本市场对于科技创新企业的投资。根据美国国家经济研究局（NBER）的报告《GDPR 对科技创业投资的短期影响》，GDPR 推行后，欧盟在融资总额上，平均每个国家每周减少了 1390 万美元；在融资交易笔数上，减少了 17.6%。新兴（0—3 年）、年轻（3—6 年）和成长阶段（6—9 年）企业每笔交易融资额分别缩水 27.1%、31.4% 和 77.3%，造成的岗位流失大致相当于样本新兴企业雇工人数的 4.09%~11.20%。[1]

第四，GDPR 复杂的规则设定以及较为原则的处罚标准，使得企业在经营过程中面临较大的不确定风险。从我国跨国公司的实践情况来看，即便为了达到 GDPR 要求付出高额成本，但依然难以保证完全合规。从某种程度上说，企业发生违规行为更多是个时间问题，而非是否会发生的问题。

总而言之，虽然 GDPR 在全球范围内为个人信息保护树立了一个很高的标准，但过高标准会对本地数据产业发展产生抑制作用。从长远角度看，数据产业发展的滞后将可能影响欧盟社会整体福利水平的提升。

---

[1] Jia, J., Jin, G. Z., & Wagman, L. "The short-run effects of GDPR on technology venture investment". National Bureau of Economic Research Working Paper No. 25248, 2018.

## 二、提升社会治理能力

数据可以改善政策制定和服务提供。来自尼日利亚的一个例子可以说明公共意图数据在改善服务提供和瞄准服务对象方面的作用。2015 年，尼日利亚政府委托有关机构进行了《全国供水与卫生情况调查》，收集来自居民家庭、供水点、供水计划和包括学校与医疗机构在内的公共设施等方面的数据。数据表明，有 1.3 亿尼日利亚人（占当时全国人口的 2/3 以上）未达到联合国"千年发展目标"确立的卫生标准，而贫困家庭以及某些地区无法获得充足洁净水的问题尤为严重。总统穆罕默德·布哈里看到基于这些数据作出的报告后，宣布供水和卫生设施部门处于紧急状态，并启动了"振兴尼日利亚供水与卫生设施和卫生条件全国行动计划"。[①]

数据的质量越高（包括及时性、准确性和分辨率等维度），为公共事业创造价值的潜力就越大。通过大数据，政府可以更敏捷、有效地应对实时情况，并对辖区内交通运输等重要场景作出精准预判，从而更高效地调动公共资源，提升城市运转效率。以目前国内很多城市都在使用的"城市大脑"为例。城市大脑是整个城市的智能中枢，可以对整个城市进行全局实时分析，利用城市的数据资源优化调配公共资源，最终将进化成为能够治理城市的超级智能。目前城市大脑已经在交通治理、环境保护、城市精细化管理、区域经济等多个领域进行了探索实践。城市大脑的最新技术强化了其感知能力，通过城市数字基因等技术，能够链接农田、建筑、公共交通等各类

---

① 世界银行：《2021 年世界发展报告》，2021 年。

城市要素。通过 AI 技术，城市大脑可以实现交通、医疗、应急、民生养老、公共服务等全部城市场景的智能化决策。

例如，以数据联通和系统协同为支点，通过智能交通 AI 信号优化系统，海口市"城市大脑"根据城市区域内的车流情况，进行数据资源分析、人工智能配置，令海口市的交通情况得到明显改善——每日早晚高峰可实现每 15 分钟更新下发红绿灯调优方案，使车辆平均行驶速度提高 7%，行车延误时间降低 10.9%。又如，以沿海城市常见的台风灾害天气为例，台风到来之前，城市大脑就可以用天气数据计算台风通过城市的路径；根据城市 3D 模型推演，预判城市道路的积水点，标记高危建筑，提前通知交通部门提早预防；而 AI 外呼系统可以通知市民做好防护工作。

疫情期间，多地通过发放数字消费券的方式激发消费潜力、带动消费回补。北京大学光华管理学院刘俏教授对杭州数字消费券发放情况进行了研究，发现消费券刺激消费效果明显，政府 1 元钱的消费补贴能够带来平均 3.5 元以上的新增消费，且新增消费并不是"消费提前"所致，消费券过后消费恢复常态无明显下滑。新增消费主要流向受疫情影响较大的餐饮服务等小微商户，拉动效应最大的是消费水平较低群体。杭州消费券的拉动效应（3.5 倍以上），是日本的 0.1~0.2 倍（1999 年）、台湾的 0.25 倍（2009 年）、新加坡的 0.8 倍（2011 年）。这得益于中国数字经济基础设施的快速发展，特别是移动支付在中国小微企业和个人中的高度普及。[①]

---

① 刘俏：《疫情下消费重启　数字消费券堪当重任》，新浪财经，http：//finance. sina. com. cn/zl/china/2020 - 04 - 28/zl-iirczymi8753824. shtml.

　　数字消费券之所以能更好地传导政策效果，除了线上渠道的高触达性外，大数据在精准投放、过程风控方面的作用更不可忽视。首先，数字消费券避免了现金发放转化为储蓄的可能。与传统的线下消费券不同，通过数字化发放流程和风控机制，消费券不会被"套现"，亦避免转让甚至"薅羊毛"等问题，使得消费券能有效进入实体经济，尤其是受疫情影响严重的餐饮、零售行业，从而更高效地提升消费券的经济社会价值。其次，数字消费券的发放和消费充分发挥了互联网平台的"精准滴灌"的触达能力，而精准触达有赖于基于大数据对客户的特征辨识。通过大数据对消费者行为的分析可以看出不同种类的消费券、不同金额的消费券，对于不同特征的消费者群体所产生的拉动消费作用不同，因此可以对消费券做出多元化的设计，并有的放矢地精准投放。刘俏教授团队的研究还发现，消费券对中老年和低消费档人群的消费拉动效应高于其他人群，反映出数字消费券使用的"数字鸿沟"问题并不显著，表明数字消费券的发放既有普惠性，也能达到"精准滴灌"效果。

第三节 **数据对于企业的价值**

当前，以大数据、云计算、移动互联网等为代表的新一轮科技革命席卷全球，在数据存储与采集、数据库、算法与交互等方面都带来了新的能力，驱动企业生产模式向数据驱动转型升级。数据是生产要素，对数据进行加工、分析和挖掘，不仅能为企业的经营决策提供科学参考，还能让企业快速响应市场变化，提高生产管理效率，优化企业流程。信息化和数字化已经成为企业经营的基本战略。

### 一、深化企业对客户的洞察，提高企业决策水平

对于企业决策而言，大数据带来的最大好处在于支持决策的因素变多，拓宽了决策者的思路，使决策者不再拍脑袋想战略。尤其是当市场竞争激烈的时候，企业更需要重新洞察用户需求，发现新商机，提供差异化服务。与此同时，企业也可以通过关键数据来追踪、衡量战略落地情况，对落地的具体环节进行及时优化，提高企业战略的执行力。很多公司已经专门设置了商业分析部门，分析各类数据，为优化运营策略提供数据服务支持。

传统企业进行商业决策中所需的客户洞察数据通常来自市场问卷调研，但这种模式成本高、效率较低，很容易出现各类偏差。这

也是过去大部分传统企业对于细节数据的收集和处理不是很重视的原因，相比之下他们更看重经验和宏观数据。而大数据时代，数据的记录、整合、处理成本大大降低，企业可以利用大数据改善销售和运营策略。例如，某健身器材公司如果要了解健身人群的特征或市场，传统的方式是走访健身房或用户调研。而如果使用大数据，公司可以从自己销售健身器材的使用情况入手，也可以通过与健身App或健身手环公司合作，了解用户群体特征和趋势。沃尔玛在2000年开始通过销售数据改进货物摆放搭配，亚马逊有针对性地给用户推荐的商品，占亚马逊销售额的1/3。

## 二、带来新的能力，使之前无法实现的产品和服务成为可能

自动驾驶汽车是非常典型的例子。[1] 在 Google 之前，全球学术界花费了几十年时间研制自动驾驶汽车，始终没有明显进展，但Google 只花了 4 年多时间就制作出了原型车。2010 年，Google 公布其原型车行驶了 14 万英里，没有出过一次事故。

Google 获得成功的原因是其科学家将自动驾驶汽车这个看似机器人的问题变成了大数据问题。首先，Google 自动驾驶汽车项目其实是它已经成熟的街景项目的延伸。媒体报道通常忽略的事实是，Google 街景对每条街道都收集到了非常完备的信息，并进行处理备用。而过去研究所自动驾驶项目都是临时识别目标进行处理，因此受限于计算能力无法做出准确判断。其次，自动驾驶汽车与云端海

---

① 参见《未来已来 | 吴军谈 5G、自动驾驶等热门科技》，界面，https：www. jie-mian. com∕article. 3430059_ 99. html.

量计算能力相连。自动驾驶汽车上的传感器每秒进行几十次扫描，其获得的海量数据上传到云端完成计算，帮助汽车完成判断。

Google 自动驾驶不只是个案，事实上，现在有越来越多的互联网即时服务本身就是由大数据能力所改进或支撑的。大数据能力已经成为互联网产业标配。

### 三、监控改进生产流程，并为金融公司风险定价提供依据

事实上，目前物联网（IOT）、工业互联网技术已经广泛应用到工业企业生产及其供应链金融服务中。

例如，钢铁行业具有生产流程长、工艺复杂的特点，钢铁企业生产环节的运转通常依赖于人工经验，因此易造成产品质量波动。通过整合生产过程中的数据，将隐形数据封装成软件模型，实现生产过程可视化，有助于提升产品质量和生产效率。同时，钢铁行业生产设备价值较高，事后维护容易造成生产停滞，通过传感器等传输数据可自动实现故障感知，提升设备可靠性。

在汽车行业，从生产到销售的过程中企业间的协调较多，包含车企、零部件供应商、经销商等，各环节中信息孤岛问题非常突出，建立数据共享的渠道有助于打通汽车产、供、销信息，为产业链各环节企业决策提供支撑。汽车研发涉及大量专业领域，各方面协调难度大，利用仿真设计技术、建立云协同平台等能够有效缩短研发周期。

此外，产业互联网的升级也会对金融行业进行授信风险定价提供帮助。随着金融行业数字化转型推进，金融大数据正向金融领域

各细分场景和业务渗透，从客户画像、精准营销、智能客服、交易监控加速向智能风控、智能监管、智能理赔演进。对产业关键指标的跟踪以及行业洞见，成为供应链金融风控模型的重要组成部分。

## 第四节　数据对于用户的价值

　　事实上，数据给企业带来收入和利润的同时，也在给用户带来价值和福利。并且，数据给用户带来的价值很可能被低估了。

　　以网络平台 Facebook 为例，大家熟知的是其基于对社交网络数据的挖掘获得可观的广告收入，但是鲜有人关注 Facebook 及类似的网络平台给用户带来的价值。麻省理工学院斯隆管理学院教授 Erik Brynjolfsson 和研究员 Avinash Collis 在《哈佛商业评论》上介绍了他们开展的一项实验：要求参与者选择继续访问 Facebook，或者放弃使用它一个月以换取金钱补偿。根据实验结果和估算，美国用户从使用 Facebook 中获得的消费者剩余的中位数约为 500 美元/人/年，Facebook 因为美国用户获得的营业收入仅为 140 美元/人/年，自 2004 年成立以来，美国消费者累计从 Facebook 获得了 2310 亿美元的消费者剩余。[①]

### 一、降低用户搜索和决策成本

　　南加州大学孙天澍等联合电商平台做了一个针对个性化推荐的

---

　　① Erik Brynjolfsson，Avinash Collis. "How Should We Measure the Digital Economy?" Harvard Business Review，December 2019，https：//hbr. org/2019/11/how-should-we-measure-the-digital-economy#.

大规模随机实验，其中 62 名用户暂停基于个人信息的个性化推荐产品。[1] 实验发现，个人信息的缺失会对买家和卖家产生巨大冲击，数据缺失导致交易量暴跌 86%。由此得出一个重要结论是，将用户数据与产品进行匹配，可以大大降低搜索成本，尤其是当市场存在海量不同产品时。

由于缺乏个人数据，个性化服务无从谈起，平台推荐只能盲目地集中到那些交易量在前 1% 的品牌所提供的产品或服务上，而这种模式是数字时代之前的传统市场的典型模式。当没有个性化推荐时，买家在选择潜在商品时也只能依靠传统的信息源：品牌、信誉和一般特征。实验结果显示，这些来自传统渠道信息的完整性极为有限，导致市场规模大幅萎缩。这一结论与搜索领域的学术研究不谋而合。大量论文证明，即使较小的搜索或匹配成本也会导致商品和劳动力市场的厚度和广度产生剧烈变化。

实验同时发现，基于个人信息的个性化推荐，还可以有效降低头部商品的"马太效应"。没有个性化推荐的，客户页面浏览量明显集中在少数几种商品上；而基于个人信息进行商品个性化推荐的，会给长尾商品带来更多的曝光机会，客户页面浏览量大致均匀地分布在头部商品和长尾商品之间。

## 二、助力用户获得普惠金融服务

从中国南北朝的"寺庙金融"到孟加拉格莱珉银行，几乎从金

---

[1] Sun, T., Yuan, Z., Li, C., Zhang, K., & Xu, J. "The Value of Personal Data in Internet Commerce: A High-Stake Field Experiment on Data Regulation Polic", 2020, Available at SSRN: https://ssrn.com/abstract = 3566758.

融诞生开始，人们就开始追求金融的平等普惠。但普惠金融面临客单价值低、服务成本和风险高的难题，因此资本的逐利性注定了普惠金融难以商业可持续、规模化发展。但大数据和科技创新的结合，证明普惠不再是金融业难题，而是新市场、新机遇。

基于大数据的互联网贷款已经成为可持续的商业模式。一是借助线上、线下丰富的数字化场景，高效、低成本触达客户，解决了触达难问题；二是运用大数据和人工智能等能力，创新性地解决了小微企业风控、授信和放款难的问题。三是通过建立商业信用体系，降低了小微企业的不良率，进一步降低了风险成本。四是金融科技公司没有物理网点和信贷员，贷款流程线上化、自动化、智能化，每笔贷款平均运营成本降低到过去的1/10甚至几十分之一，降低了运营成本。

基于大数据的互联网贷款模式，已经产生了巨大的经济社会价值。一是实现了小微经营者的广覆盖，大大提升了金融普惠性。二是打破时空限制，满足小微"短、频、急"需求，增强了金融服务的公平性。未来，除了数字金融服务，更多的数字化服务将变得越来越普惠，比如，数字化运营、数字营销服务也将不再是大企业的专属服务，小微商家也将享受到支出、应收应付、收入、财税管理、会员管理等一体化的数字服务。

在看到数据对于用户价值的同时，我们也看到，部分机构通过霸王条款过度采集数据，将大数据作为杀熟、过度营销、诱导消费的工具，侵犯消费者权益。同时，在开放互联的数字时代，数据节点更多、传输链条更长，不法分子窃取数据手段也不断翻新，任何环节防护不当均可威胁数据安全。所以，做好数据治理、强化信息保护、破解数据安全之困也是亟待解决的关键课题。不过，历史总是在不断解决问题中前进的，要坚持用发展的办法解决前进中的问题。我们有充分的理由相信，随着大数据和人工智能、区块链、隐私计算等技术的发展，包括金融在内的数字服务一定会更加便捷、优质、普惠、安全。

第五节 # 数据价值不仅来源于数据本身，更来源于数据能力

在充分认识到数据的价值的同时，我们需要注意到，数据也不是万能的，以客户为中心的产品和服务才是最重要的，不能本末倒置。而且，相比于数据本身，很多时候，数据能力更为关键。

## 一、数据更多时候是企业成功的"果"，而不是"因"

商业竞争力的核心是商业模式和产品创新力，数据仅是其中一个构成要素，不应过分高估。例如，谷歌在初创时期所拥有的数据量远比不上微软和雅虎，但它拥有先进的算法，其搜索服务做得更好，以至于微软、雅虎都把搜索外包给它，谷歌目前所拥有的大数据是其成功的副产品。再如，在通信应用领域，后起之秀 WhatsApp 成功地抵挡住了手握海量用户数据的长期在位者 AOL 的激烈竞争，凭借低成本又易使用的用户接口和对用户诉求的关注得以发展壮大。国内的典型平台软件微信、淘宝等的成长秘籍，最重要的部分都不是大数据，而是对用户诉求的关注和对痛点的克服。伦敦商学院教授 Lambrecht 和麻省理工学院教授 Tucker 合作研究指出，"几乎没有任何证据可以证明在不断变化的数字经济中，仅仅依靠数据就能充分排斥更优的产品或服务的供给。要想建立可持续的竞争优势，数

字战略的重点应当放在如何使用数字技术，给用户带来价值上面。"[1]

经济学家杰弗里·曼恩曾对不少互联网企业的崛起进行分析，发现成功的互联网公司开始时都几乎没有数据，更不是数据驱动型的企业。他由此得出一个重要结论：数据更多的是互联网平台持续运行时的副产品，而不是创建互联网平台时的关键。[2] 任何单位，不应为了数据而获取数据，而是应该始终以客户为中心，去创新、打磨、优化相关产品和服务，数据只是辅助工具。

## 二、除了关注数据本身，更应关注的是数据能力

如何从数据海洋中提炼出有用的信息，是体现数据价值的关键，而这并不单单取决于可获取的数据量，更取决于数据分析要用到的算法和能力。

从价值体现的视角来看，数据要素的作用及其发挥作用的方式与其他生产要素不同，数据只有在使用过程中才能体现价值，睡眠状态的数据没有价值。数据的价值往往通过与其他生产要素共同作用而体现，且作用前后自身不变，犹如化学反应中的催化剂。[3] 单独依靠某一种生产要素很难推动经济增长，数据要素创造价值不是数据本身，数据只有跟基于商业实践的算法、模型聚合在一起的时候

---

① Lambrecht, A., and C. E., Tucker. "Can Big Data Protect a Firm from Competition", December 18, 2015. Available at SSRN: https://ssrn.com/abstract=2705530.

② 转引自陈永伟：《数据垄断：怎么看，怎么办》，经济观察网，http://www.eeo.com.cn/2019/0812/363423.shtml.

③ 田国立：《商业银行数据要素价值发掘与探究》，《中国金融》2021年第1期。

才能创造价值。[1] 正如美国著名经济学家范里安所言，相对于大数据的收集和获取，解读海量数据和从中提取价值的能力才是更为重要的一环。[2] 所以，我们在充分肯定数据价值的时候，不能过分夸大数据本身的价值，数据的治理、算法和模型等能力的提升更值得重视。

客观来说，我国的金融机构拥有的数据规模是相当大的，但是之前在数据能力方面的投入应该说是不足的。与互联网机构相比，我国金融机构的数据没能很好地"聚起来""用起来""活起来"：一是横向上没有实现整个机构内部数据资产的打通，数据分散化地沉淀在各个业务条线和部门，搜集整合存在错配，缺少统一的数据标准，数据的真实性、准确性、连续性等难以保证，数据质量参差不齐，缺乏对数据全口径和全生命周期性的管理；二是纵向上没能实现数据资产向业务的赋能，科技人才不足，模型和算法能力较弱，无法将数据资产高效地用于营销、获客、运营等日常决策，所以无法实现数据资产向业务价值的转化。

最近几年，金融管理部门和金融机构已经在这方面做了不少努力，也取得了很大成效。比如，为了引导银行业加强数据治理，加快推进行业数字化转型，银保监会于 2018 年发布了《银行业金融机构数据治理指引》，要求银行业金融机构将数据治理纳入公司治理范畴，打好数据治理基础，制订数据标准化规划，建立数据质量管控

---

① 安筱鹏：《数据要素如何创造价值》，人民网，http：//finance. people. com. cn/GB/fund/n1/2020/0522/c1004 – 31720064. html.

② Varian, H. R. ."Economic Aspects of Personal Privacy", In：Lehr, W. H. , and L. M. Pupillo（eds. ）, Internet Policy and Economics：Challenges and Perspectives, Second Edition, Springer, 2009.

机制，实现一般意义的"数据"向有价值的"数据资产"转化。2021 年 2 月，中国人民银行发布《金融业数据能力建设指引》，为金融机构开展金融数据能力建设提供了更加具体的指导。

为促进全行业数据能力的尽快提升，政府机构、金融机构、互联网机构等不同机构之间也有必要在数据能力方面加强广泛合作，发挥比较优势。

# 第三章

# 个人信息保护

　　坚持以人民为中心，是新时代坚持和发展中国特色社会主义的基本方略。在数字时代，数据治理也必须坚持"以人为本"，同时做好个人信息保护与数据的利用。如果说坚持以人为本是"体"，则做好个人信息保护与数据的利用就是"两翼"，两者都是实现数据治理"以人为本"目标必不可少的重要内容，不可偏废。一方面，做好个人信息保护，可以使人民更有获得感、幸福感、安全感；另一方面，把数据利用起来，让数据的价值为人服务，可以让人民的获得感、幸福感、安全感更加充实、更有保障、更可持续。促进个人信息保护与数据利用的平衡，不仅关乎国内产业发展和居民福利，还关乎数字经济的国际竞争。对于个人信息保护应当如何做，如何实现数据利用与个人信息保护之间的平衡，技术创新和制度创新可能是其中的部分答案。

 **个人信息保护立法实践**

自 2018 年欧盟引入《通用数据保护条例》（General Data Protection Regulation，简称 GDPR）之后，全球 60 多个司法管辖区已颁布或提议了后现代的隐私和个人信息保护法。这些国家包括美国、日本、新加坡、阿根廷、澳大利亚、巴西、埃及、印度、印度尼西亚、肯尼亚、墨西哥、尼日利亚、巴拿马和泰国，等等。① 今天，世界上只有 10% 的人口受到现代隐私和个人信息法规的保护，据著名咨询机构高纳德（Gartner）预测，这一比例在 2023 年将达到 65%。一方面，要规范个人信息处理活动，保护个人信息权益；另一方面，要促进个人信息合理利用。如何实现两者之间完美的平衡，既是对立法者的挑战，也对数据应用主体（特别是企业）提出了更高的要求。

**一、全球个人信息保护立法实践**

从全球个人信息保护的理念和实践来看，全球个人信息保护的立法实践可以分为两大类。

一类是以欧盟为代表的大陆法系国家和地区，建立关于个人信息"保护"的立法。欧盟以个人信息为保护对象（基础概念），以

---

① 详见 Gartner. "Predicts for the Future of Privacy 2020"，2020 年 1 月 20 日，https：//www. gartner. com/smarterwithgartner/gartner-predicts-for-the-future-of-privacy-2020/.

个人信息自决权和人格权为权利基础，制定了统领政府部门和所有商业领域涉及个人信息保护的统一法律，统一规范个人信息采集、加工、处理和使用的标准和流程，设立单一的个人信息保护机构对个人信息实行统一监管和保护。在个人信息保护方面上，欧洲大致经历如下四个发展阶段：一是在 20 世纪 70 年代欧盟成员国国内立法阶段，瑞典、德国等国建立了本国统一的个人信息保护立法；二是在 1995 年欧洲议会和欧盟理事会发布《关于涉及个人数据处理的个人保护以及此类数据自由流动的指令》（简称《欧盟数据保护指令》）阶段，各成员国在个人信息保护上求同存异，并在保护的标准上不断调和、折中；三是在 2009 年，欧盟基本人权宪章写入欧盟宪法，在欧盟层面确立个人信息保护的基本人权地位；四是 2016 年 5 月出台 GDPR 和 2018 年实施阶段，确立了欧盟范围内个人信息保护的统一标准、基本原则和法律制度，实现欧盟范围内个人信息保护标准的统一化、标准化和个人信息一站式监管。

2020 年，欧盟在数字议题的政策和立法进程上投入了前所未有的精力，这不仅仅是为了加快建设"数字化统一市场"，甚至已经上升到了"技术主权"的层面。2020 年伊始，欧盟新一届委员会主席乌尔苏拉·冯德莱恩面对众多欧洲媒体公开阐述了一个可能对未来全球数据战略影响深远的概念——技术主权（technological sovereignty）。欧盟委员会毫不讳言地将"非欧盟的实体和技术"视为潜在的竞争和挑战，这种明显带有"进攻性"的主张在欧盟历史中并不多见。为了最大程度上实现技术主权的畅想，欧盟发布了《欧洲数据战略》，提出要加快数字化进程，增强欧洲在数字领域的战略自主性。该战略拟议的《数据治理法》《数字服务法》和《数字市场法》在 2020 年底已经全部发布提案，成为助力欧盟未来数字化转型的"三驾马车"。

另一类是以美国为代表的英美法系国家，建立个人信息"公平实践"的立法。美国没有一部综合性的隐私保护法，也没有一部综合性的个人信息保护法。为保护隐私不受来自公权力的侵害，美国联邦最高法院于 20 世纪初认定隐私权是宪法上未列明的基本权利，在防止对个人（物理的、通信的）非法入侵和防止个人信息的有害泄露两大方面，逐步确立了个人信息"公平信息实践原则（FIPs）"供立法者和业界参考。在此基础上，针对政府等公共领域，以及征信、金融、通信等不同商业领域，以尊重信息主体隐私权为前提，提倡信息的合理正当使用，不伤害信息主体利益，形成了分门别类的个人信息"公平实践"法律规范。

为了规范和约束美国政府采集和传播个人信息，特别是"水门事件"的曝光，触动了美国社会对于政府的敏感神经，催生了 1974 年的《隐私法案》（Privacy Act）。出于对市场调节的信奉和支持信息技术发展的考虑，美国在商业领域采取了"零售式"分散立法模式，针对特定行业或领域的个人信息的收集和利用，美国通过联邦立法予以相应的规制和单独立法，不同程度上体现了个人隐私的公平实践原则。[①] 在金融领域，最为重要的隐私保护和个人信息安全法律是 1999 年颁布的《金融服务现代化法案》（The Gramm-Leach-Bli-

① 张新宝：《从隐私到个人信息：利益再衡量的理论与制度安排》，《中国法学》2015 年第 3 期。

ley Act）。除此之外，1978 年的《金融隐私法案》（Right to Financial Privacy Act）对于联邦立法机构获得个人金融记录的方式做出了限制，禁止金融机构在未通知客户并获得客户允许的情况下随意向联邦政府披露客户的金融记录。2010 年的《消费者保护法》（Consumer Protection Act）授权消费者金融保护局对金融隐私领域进行监管和保护。在健康信息领域，个人隐私保护方面的最重要的立法是《健康保险携带和责任法》（The Health Insurance Portability and Accountability Act of 1996）；在通信领域，对个人信息提供保护的法律有《电子通讯隐私法》（The Electronic Communication Privacy Act）、《计算机欺诈与滥用法》（Computer Fraud and Abuse Act）和《电信法案》（Telecommunications Act）。对于敏感领域之外的大量个人信息，《联邦贸易委员会法》（Federal Trade Commission Act）第五条可用以提供笼统、兜底式保护。尽管该法未针对性地强调隐私或者信息安全，但该法被业界广泛地适用于信息隐私、数据安全、网络广告、行动跟踪和其他数据密集型商业行为的立法监管中。

在州层面，加利福尼亚的《加利福尼亚消费者隐私法案》（California Consumer Privacy Act，简称 CCPA）已于 2020 年 1 月 1 日正式生效，其在制定之初就获得了极大的社会关注度，被认为将成为美国"史上最严"的隐私保护规则。尽管 CCPA 并不是联邦层面的统一立法，但仍然被视为美国在隐私保护立法的"风向标"。CCPA 与欧盟 GDPR 同为在全球范围内极具影响力的范例式数据安全和隐私保护立法，但表征了风格迥异的两种价值理念，体现了美国和欧盟在数据安全和隐私保护问题上不同的态度选择。同 GDPR 极为严苛的保护要求不同，CCPA 针对个人数据利用问题显然更为开放，更强调市场的自我调节。在 CCPA 的历次修正案中，这一趋势似乎变得更为明确，例如，在个人信息定义中增加"合理关联"的考虑，剔除未经识别或聚合（Aggregated）的数据；取消在"保险交易"中消费者删除或不出售个人信息的权利；允许依据信息价值实施差别待遇；明确企业豁免情形，等等。美国其他州也都在探索制定个人信息保护立法，但是由于国内支持数字经济发展的强大力量与主张严格个人保护的力量相持不下，美国在联邦层面推出个人信息保护法几乎是遥遥无期。

相比而言，美国人在立法方面通常采用实用主义态度，认为法律是要遵守的，违法的代价应该是昂贵的，但不太关心崇高的原则和法律的纯粹性。所以，美国人会倾向于充满妥协并承认现实的一种规则。而欧洲人则会制定完美但可能难以执行的法律，并容忍立法与执法之间存在的不一致性。在比较欧洲和美国在个人信息保护立法方面的优劣势时，两者背后大环境的区别不容忽视。① 在欧美实践的基础上，其他国家和地区正在进行本国和本地区个人信息保护领域的立法实践探索，并结合信息技术发展和欧美进展不断地进行自我完善。

## 二、我国个人信息保护立法实践

我国个人信息保护的立法动议并不晚，早在 2003 年就出现了

---

① 个人信息保护课题组：《个人信息保护国际比较研究》，中国金融出版社 2021 年版，第 58 页。

《个人信息保护法专家建议稿》，2012 年颁布的《全国人大关于加强网络信息保护的决定》也首次在立法层面明确了要加强对公民个人信息的保护。《中华人民共和国网络安全法》主要解决的是互联网这种特殊的传播渠道下涉及整个社会的信息安全问题，其中包括各种国家机关、社会团体、群众组织、企业公司法人和非法人组织的信息安全问题，也包括涉及个人的信息安全问题。《中华人民共和国电子商务法》主要处理跟电子商务活动有关的信息安全问题。2020 年刚刚编纂完毕的、作为国家基本法律的《中华人民共和国民法典》，有 7 个条款是关于个人信息保护的，而且每个条文规定得都比较详细。

虽然上述这几个法律都涉及个人信息保护的重要问题，但是，我国独立的《个人信息保护法》始终缺位，成为掣肘个人信息保护工作的重要因素。继《中华人民共和国个人信息保护法（草案）》于 2020 年 10 月 13 日初次审议后，2021 年 4 月 29 日，中国人大网公布《中华人民共和国个人信息保护法（草案二次审议稿）》全文，并对其公开征求意见。我国个人信息保护法正式颁布指日可待，这无疑在我国个人信息保护历史上具有里程碑式的重要意义。在我国个人信息保护法及后续规章制度的制定中，有一点特别值得注意，就是个人信息保护与数据利用的平衡。党中央和国务院十分重视对个人信息的保护和数据要素效能的发挥。数据已经被列为新的生产要素，数据的利用将成为推动我国经济增长的新"红利"，"十四五"规划也明确提出，要"迎接数字时代，激活数据要素潜能"，"充分发挥海量数据和丰富应用场景优势"，这些都离不开对个人信息和数据的利用。全国人大宪法与法律委员会委员、中国社科院教授孙宪忠也表示，"我们应该对某些不严谨的理论炒作有足够的警惕，防止在我国形成个人信息泄露恐慌。在本次个人信息保护立法工作，不能允许这种恐慌给立法造成损害，更不能助长这一恐慌发展。"① 相信在社会各界群策群力、共同努力下，我国一定能通过制度创新、技术创新，在保护好个人信息和隐私的同时，实现对数据要素的充分利用。

① 孙宪忠：《关于〈个人信息保护法〉（草案）的修改建议》，中国法学网，ht-tp：//iolaw. cssn. cn/bwsf/202104/t20210408_ 5325166. shtml.

# 个人信息保护中的技术创新

个人信息安全问题因技术发展而生，而技术的继续发展也可以为该问题的解决提供方案。在法律法规提供基础"安全网"的同时，技术创新应成为解决个人信息保护和数据安全等问题的"顶梁柱"。

### 一、技术创新为解决个人信息保护问题提供新思路、新方案

从实际效果来看，以技术手段解决问题的效率在很多时候是非常高效的。

快递行业曾长期面临在终端配送环节泄露用户个人信息的问题。但我们知道，行业创新出了"隐私面单"技术，消费者的个人信息通过技术处理后不再显示在快递面单上，而以符号代替，从而达到加密效果，防止其他人从单子上窃取消费者的个人隐私；同时在后台也进行了加密处理，快递员只能通过 App 联系收件人，无须人工识别手机号码。"隐私面单"技术的使用，极大地降低了终端环节的个人信息泄露风险。

数据流通是数据要素市场构建的重要内容，但传统直接分享原始数据的方式无法对分享出去的数据进行有效的管控和保护，不利于防止数据滥用和个人信息泄露，难以满足安全和合规要求。从全

球来看，安全、合规都是数据流通的普遍难题。国外方面，《欧盟企业间数据共享报告》表明，73％的受访者认为技术问题是数据交易流通的主要障碍，主要是无法信任其他企业的技术处理方案。日本《AI 和数据利用相关合同指南》亦指出：数据特性决定了其传播利用存在风险，如果没有适当的技术保障，数据很可能泄露或滥用。国内方面，对外经济贸易大学和中国人民银行合作开展的一项针对350 家金融企业的调查也显示，88.9％的机构表示数据安全防护技术能较大提升数据交易流通的意愿。[1] 近年来快速发展起来的隐私计算技术，为在保护个人信息的基础上促进数据的开放共享提供了可能（关于隐私计算的详细介绍和讨论在第六章展开）。

正是因为看到了技术创新对于解决个人信息保护和数据安全问题的价值，在隐私、安全技术方面加大研发投入，已经成为趋势，相关技术创新方兴未艾。根据领先的全球知识产权产业科技媒体IPRdaily 发布的《2020 年全球新兴隐私技术发明专利排行榜》，截至2021 年 3 月 19 日，有 4 家企业的新兴隐私技术发明专利（包括密码学隐私、AI 隐私、可信硬件隐私、差分隐私、多方安全计算等）申请数量在 200 件以上，中国占 3 家；前 20 强中，中国企业占了一半（如表 3—1 所示）。[2] 可以预见，隐私保护技术的创新发展，必将为个人信息保护和数据安全提供创新的解题思路、新的解决方案。

---

① 对外经济贸易大学数字经济与法律创新研究中心：《数据权利研究报告》，2021 年。

② 《隐私技术专利全球排行发布：蚂蚁、微软、阿里分列全球申请数前三》，新浪财经，https：//finance.sina.com.cn/stock/relnews/us/2021 - 03 - 23/doc-ikknscsi9970447.shtml.

表3—1　全球新兴隐私技术发明专利申请数量

（截至 2021 年 3 月 19 日）

| 排名 | 企业简称 | 国家 | 专利申请数量（件） |
|---|---|---|---|
| 1 | 蚂蚁集团 | 中国 | 740 |
| 2 | 微软（Microsoft） | 美国 | 305 |
| 3 | 阿里巴巴 | 中国 | 299 |
| 4 | 中国平安 | 中国 | 282 |
| 5 | 国际商业机器公司（IBM） | 美国 | 192 |
| 6 | 英特尔（Intel） | 美国 | 160 |
| 7 | 微众银行 | 中国 | 144 |
| 8 | 腾讯科技 | 中国 | 115 |
| 9 | 华为 | 中国 | 115 |
| 10 | 国家电网 | 中国 | 111 |
| 11 | 三星（Samsung） | 韩国 | 103 |
| 12 | 谷歌（Google） | 美国 | 87 |
| 13 | 苹果（Apple） | 美国 | 68 |
| 14 | 脸书（Facebook） | 美国 | 59 |
| 15 | 浪潮 | 中国 | 54 |
| 16 | 汤姆森（Thomson） | 美国 | 53 |
| 17 | 飞利浦（Philips） | 荷兰 | 51 |
| 18 | 中国南方电网 | 中国 | 45 |
| 19 | OneTrust | 美国 | 44 |
| 20 | 京东数科 | 中国 | 42 |

资料来源：IPRdaily：《2020 年全球新兴隐私技术发明专利排行榜》，2021 年 3 月。

## 二、技术创新案例

除了大公司自己在隐私保护、数据安全方面加大投入，积极研发、应用新技术以外，市场上也出现了不少专门针对数据利用及隐私保护的创新公司。据国际数据公司（IDC）统计，仅就数据隐私管理软件市场而言，2019 年全球市场总规模已经超过 8 亿美元，而且增速非常快，年增长速度达到了 60.3%，已经涌现出一批专门提供数据隐私服务的创新公司。目前的前三甲都是美国公司，分别是OneTrust、TrustArc 和 BigID（如图 3—1 所示）。

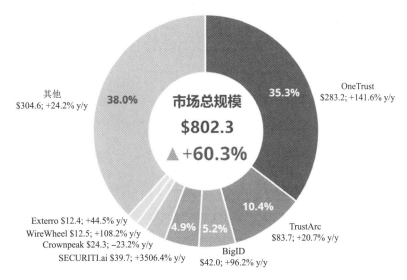

注：市场份额（%），收入（百万美元），年增速（%）

图 3—1　2019 年全球数据隐私管理软件市场份额图

资料来源：IDC. "Worldwide Data Privacy Management Software Market Shares，2019：OneTrust Dominates the Competition"，April 2020.

OneTrust 是数据安全及用户隐私管理的领头羊，其提供隐私、安全与数据治理的一站式管理平台，帮助客户自动化实现数据隐私管理，其结果能证明公司业务活动符合数据和隐私保护要求。One-Trust 成立于 2016 年，5 年来，收入快速增长，2019 年营收为 2.83

亿美元，同比增长 141.6%。全球客户数超过 8000，其中一半的全球 500 强企业都是其客户，目前已经占据全球三分之一的数据隐私管理软件市场。根据其最近一次的融资，OneTrust 的估值已经达到 51 亿美元。全面而功能强大的产品能力是 OneTrust 成功的关键要素，它依托全面且实时更新的法规知识库，以及一流的专家网络，可以快速、准确地响应外部法律法规的变化，而与客户其他 SaaS 软件的互操作性使得连续性监控成为可能，并且可以自动化执行相关响应需求。

 **个人信息保护中的制度创新**

人是社会活动的主体，一切社会活动均围绕个人展开，各类数据或多或少都会与人有关。所以，如果不对"个人信息"做适当的限定或创新的设计，"个人信息"保护相关法律法规容易演绎为"万物之法"，"过犹不及"，这是应当避免的。① 大量的实证研究表明 GDPR 对欧洲产业创新发展产生了明显的负面效应，这与其漫无边际的保护对象和纷繁复杂的权利形态有关。为了实现数据利用与个人信息保护之间的平衡，有必要在规则层面做合适的创新设计，特别是为技术创新和技术解决方案预留制度空间。

## 一、"匿名化"方案的缺憾

与个人有关的信息的分析利用是社会治理、商业活动等开展不可缺少的要素，甚至是撬动整个数据要素社会化利用的关键。但如果直接使用个人信息相关的数据，容易导致个人信息的泄漏和不当使用，所以需要有较为严格的保护。为了加强数据的流通和使用，一种方案是"匿名化"，"匿名化"处理后的信息不再是"个人信息"，不再受个人信息相关规则的限制，从而可以实现更加自由的流

---

① 《第三届中国数据法律高峰论坛暨上海市法学会网络治理与数据信息法学研究会 2020 年年会成功举行》，数据保护网，http：//www.dataprotection.cn/news/109.html.

通和使用。但"匿名化"方案有着明显的缺憾。

首先，严格匿名化后的数据，无法将同一自然人在不同时间、不同空间产生的数据关联起来，就会不可逆地破坏数据要素的价值，导致数据的碎片化，也无法为个人提供更加有价值的个性化的服务。100%安全车会是什么样子？它可能更像坦克而非汽车，有些东西并不适合日常使用。"匿名化"方案难以发挥促进数据利用的初衷，反倒会导致数据流通规模的急剧下降。事实证明，欧盟"个人数据"和"非个人数据"简单化划分的二元架构，与其期待构建的统一数字市场事与愿违。

其次，是"无法识别且不能复原"的匿名化标准难以落地。随着科技水平的提升和所得信息应用范围的扩大，零散交叉的海量信息被复原、重新识别或关联到个人信息主体的风险持续增加。个人信息的匿名化处理达到"无法识别特定个人且不能复原"的绝对匿名效果其实是很难做到的。

## 二、"去标识化"方案：个人信息和匿名化数据的中间道路

在完全的"个人信息"和"匿名化数据"中间，"去标识化"方案被认为是中间道路，也是能够更好地实现个人信息保护和数据利用两者平衡的制度创新。

个人信息"去标识化"是指信息处理者通过技术手段，去除收集到的个人信息中可识别的隐私因子，并进行加工、分析、处理与分级和多层利用的过程。"去标识化"已经将侵权风险控制在适度范围内，同时可以排除个人信息的流通障碍，最大限度地发挥数据效

用，不仅保障了数据持有人的传统法益，也增强了数据的社会价值。

日本于 2020 年对《个人信息保护法》进行修订，继在上一版《个人信息保护法》引入"匿名化"制度后，认为经过数年的发展，匿名化制度并没有发挥当时希望促进数据利用的立法初衷，匿名化数据几乎失去使用价值，因此在 2020 年的修订中又引入"假名化"制度。日本虽然规定"假名化信息"仍属于个人信息的范畴，需要接受个人信息保护规则的约束，但在信息处理者内部，将"可识别信息"替换后的"假名化信息"可以自由使用，并且豁免包括"目的变更限制""泄露通知义务""持有的个人信息之相关事项的公布义务""个人信息公开义务""个人信息修正义务""个人信息停止利用义务""说明理由义务""请求权程序义务"等多项义务性规定。

美国《加利福尼亚消费者隐私法案》（CCPA）在权衡数据价值利用与个人数据保护的基础上，认为数据单独或与其他数据相结合无法识别到特定自然人的绝对匿名状态不仅难以实现且可能会大幅降低数据价值，进而搭建了去标识的相对匿名状态下免除个人数据处理者知情同意义务但不减轻侵权损害赔偿责任的治理模式。

从国内来看，"去标识化"制度规则已有一定行业基础。国家标准《信息安全技术 个人信息安全规范》和金融行业标准《个人金融信息保护技术规范》，都明确引入了"去标识化"制度。比如，《信息安全技术 个人信息安全规范》的 9.2 条规定，"向个人信息主体告知共享、转让个人信息的目的、数据接收方的类型以及可能产生的后果，并事先征得个人信息主体的授权同意。共享、转让经去标识化处理的个人信息，且确保数据接收方无法重新识别或者关联个人信息主体的除外"。[①] 2021 年 4 月 12 日，全国信息安全标准化技术委员会发布《信息安全技术　个人信息去标识化效果分级评估规范》征求意见稿。这表明去标识化处理在个人信息共享、转让中的应用已经在标准层面得到认可。

我国的《中华人民共和国个人信息保护法（草案）》目前已经引入了"去标识化"的定义，但尚未应用到正文具体条款中。比如，在数据流通相关条款中，企业在向第三方提供去标识化信息且确保接收方无法重新识别个人身份的情况下，是否可以豁免取得个人单独同意的义务，对于是否应该给"去标识化"信息一定的豁免以及可以豁免哪些义务等规定，目前仍在进一步研究讨论中。

---

① 详见《信息安全技术　个人信息安全规范》，该规范于 2020 年 3 月 6 日正式发布，于 2020 年 10 月 1 日实施。

 **个人信息利用中的算法问题**

在数字时代，数据以 0—1 数字比特的形式存在，其价值的发挥必须依靠算法，否则只能沦为一团"乱码"。也正是因为算法的重要性和算法应用的普遍性，在关于个人信息保护的讨论中，算法是绕不开的话题。特别是近几年来，算法歧视和算法滥用等问题侵害消费者权益，引起了社会普遍关注。对于算法和算法的应用，应该怎么看待？又应该怎么规范？

### 一、算法应用的分类

算法是数字社会的核心生产力，其应用是极其广泛的，这也决定了有必要"分门别类"地讨论。根据其是否可能对个人的合法权益产生不当影响，可以将算法应用分为两类。

一类是不会影响个人合法权益的算法应用。例如，当前网络产业包括正在进行数字化转型的传统产业，均高度依赖算法作用下的安全风控能力，如各种网络攻击、渗透的算法，账户安全验证算法，防刷单、炒信、"黄牛"抢购算法等。2020 年双十一购物狂欢节当天，阿里安全智能风控体系共自动拦截恶意请求 59 亿次，击退"黄牛"扫货行为 1887 万次。诸如此类算法的应用，是我国信息化和网络安全建设的重要内容，去讨论甚至要求算法公开，可能是没有必要的。这类算法逻辑一旦公开，恶意用户很可能采取规避措施或者其他作弊手段，使得相关算法失去效果，将严重影响网络平台、平台经营者乃至其他平台消费者的合法权益。

另一类是可能对个人合法权益产生不当影响的算法应用。对于这一类算法应用，企业等应用主体可以通过建立伦理道德委员会等内部监督机制，审查算法所依赖数据本身的全面性、代表性，不使用有歧视性、偏见性的内容用作用户画像，保护弱势群体的利益等，将有利于防止算法的歧视、偏见与滥用。

## 二、算法应用的规范

对于可能对个人合法权益产生不当影响的算法应用，算法应用方、自律组织和监管机构或许可以从目的适当性、安全性、可解释性、公平性四个维度予以关注。

第一，目的适当性。在模型算法设计目的上，应考虑算法应用的合理性、正当性，即生产设计相应模型算法的初衷，是否为了进一步提升服务效能、质量、安全等目的，反之是否存在侵害客户选择权或公平交易权等方面的可能性。

第二，风险可控。在模型算法应用的结果上，如出现计算机语言编程错误、外部攻击等情况下，算法应用方应评估是否可能导致大规模侵害不特定群体利益的可能性、影响规模，以及对风险应急管控的可控性程度等。

第三，透明度和可解释性。目前关于算法规制的研究中，要求算法保持一定的透明度已经达成共识，可解释性也是算法技术的研究方向。因为不可解释的算法应用于智能推荐没有问题，但应用于智能医疗或自动驾驶等领域则存在风险，难以取得信任。增加透明度，一方面，可以增加对于算法决策过程的了解，解决算法黑箱的问题；另一方面，也可以形成公开的"审查环境"，在更广泛的利益诉求中剔除偏见和歧视。不过，也不能要求绝对的透明度和可解释性，这是难以做到的。比如，谷歌开发的阿尔发围棋（AlphaGo）机器人战胜人类围棋冠军已经不是新鲜事，但它还需要外部数据的输入来学习，而新一代机器人 AlphaZero 不需要任何输入，纯粹靠自己跟自己下棋这样的"左右互搏"就练成了高手，在经过不到 24 小时的训练后，AlphaZero 就可以在国际象棋和日本将棋上击败目前业内顶尖的棋手。这种超人类水平，想要完全解释清楚内在的逻辑，对于人类来说本身就是挑战。不过，就像中医一样，虽然无法做到完全可解释，但这并不影响中医的有效性，对于算法过程的不透明度和不可解释性，我们或许也应该给予一定的包容度。

第四，公平公正。在模型算法应用过程中，不应存在通过模型算法侵害合作机构、服务客户（包括自然人及企业）的合法权益，包括企业正当享有的商业秘密及知识产权，以及对自然人消费者产生不公平、歧视或其财产权乃至生命健康权的可能，并保证相应算法模型不应违反社会普适的道德价值观。

对于个人用户权益而言，对算法进行监管的终极目的是保护用户权益，在算法过程难以完全透明化和可解释化的客观情况下，从结果端加强非歧视性要求，应该更具有可操作性。《中华人民共和国个人信息保护法（草案）》第五十条提出了"风险评估机制"，要求信息处理者在处理敏感个人信息和利用个人信息进行自动化决策等情况下，事前要进行风险评估，风险评估的内容应当包括"个人信息的处理目的、处理方式等是否合法、正当、必要；对个人的影响及风险程度；所采取的安全保护措施是否合法、有效并与风险程度相适应"等。相关监管部门可以对包括算法结果在内的风险评估结果进行检查。

## 第四章

# 数据权属

数据权属问题是个新生事物，而且极为复杂，虽然法学界和经济学界对该问题已经有不少讨论，但都还没有形成一致的结论。从国外情况来看，也没有现成的实践可循，全球还没有国家制定关于数据权属的法律规则，理论上也很少就数据所有权进行讨论，更多是从保护用户权利的角度。在数字经济时代，合理界定、配置数据权属是一项重要工作，国家相关政策文件也多次提出关于"数据权属""数据资源确权"的论述，数据权属问题亟待破题。那么，数据权包括哪些内容？数据权利配置有哪些原则和思路可以遵循？目前社会各界关于数据权利配置都有哪些重要的观点？本章尝试站在巨人的肩膀上作一梳理总结和讨论。

**对数据权的理解**

数据权属问题，核心在于数据权的配置和保护，那么，认识数据权就是关键的第一步。各方对于数据权的理解，并没有取得完全一致的共识，但从总体趋势上来看，认识在不断深化，共识也越来越多。

### 一、数据权的两个维度：公权力与私权利

数据权有两个维度的含义。

其一，指向公权力，以国家为中心构建的数据权力，即国家数据主权，其核心内容是数据管理权和数据控制权。数据主权是大数据时代国家主权在网络空间的核心表现，表现为国家享有对其政权管辖地域内的数据生成、传播、管理、控制、利用和保护的权力。其中，对数据跨国流动的管理和控制是数据主权的重要内容，从目前欧盟及其成员国的立法来看，重点也是通过加强对数据跨国流动的管控来保护其数据主权。数据主权主要包括数据管理权和数据控制权。数据管理权，指对本国数据的传出、传入和对数据的生成、处理、传播、利用、交易、储存等的管理权，以及就数据领域发生纠纷所享有的司法管辖权。数据控制权，指主权国家对本国数据采取保护措施，使本国数据免遭被监视、篡改、伪造、毁损、窃取、

泄露等危险的权力，其目标是保障数据的安全性、真实性、完整性和保密性。[①]

其二，指向私权利，包括数据人格权和数据财产权。数据人格权与隐私权很接近，主要包括数据包含的个人信息的知情同意权、查询和修改权、删除权；数据财产权是统属于财产权的一种新型财产权，它是与知识产权、物权、债权等并列的一项财产权，数据财产权可能包括采集权、可携权、使用权和收益权。[②] 与数据主权主要关注数据跨国流动背景下国家之间的权力配置和冲突不同，数据权利的关注重点是个人与企业、企业与企业、企业与政府单位等一国内部的关系，这也是本章主要讨论的内容。

## 二、数据权利结构：权利球、权利束与权利块

正如图4—1所示，数据权利可以分为数据人格权和数据财产权，人格权和财产权又可以进一步细分。那么，这些细项权利之间是什么关系？在讨论和配置权利时，是要一起打包给某一主体，还是不同的主体给予不同的权利？对于不同类型的数据，以及在不同主体之间配置时，权利配置结果是否应该有或者会有差异？这就引出权利结构的问题。关于权利结构，目前基本上有三种迥然不同的观念。

---

[①] 齐爱民、盘佳：《数据权、数据主权的确立与大数据保护的基本原则》，《苏州大学学报（哲学社会科学版）》2015年第1期。

[②] 肖冬梅、文禹衡：《数据权谱系论纲》，《湘潭大学学报（哲学社会科学版）》2015年第6期。

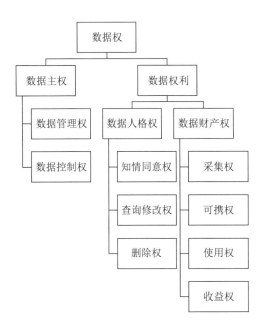

图4—1 数据权的基本谱系

资料来源：肖冬梅、文禹衡：《数据权谱系论纲》，《湘潭大学学报（哲学社会科学版）》2015年第6期。

第一类是数据"权利球"观念。这类观念认为，权利是主体对客体享有的完整、单一、绝对、自治性的权利。这一结构像是完美无缺且弹力十足的"权利球"（a ball of right），"权利球"里装着占有、使用、收益和处分等不同的权利，可供权利人自己享有或者让渡给他人，只要"球"还属于他，即便变成了空壳，权利人依然享有最终的权利。"权利球"观念把数据视为普通的"物"或者"商品"，预设了权利人能够独占数据所有价值，这不止有违事实，更与数据作为通用资产的特性格格不入。一方面，数据作为企业的生产要素、国家的战略资源和个体的数字人格，承载着多元利益；另一方面，数据的复杂性、不确定性和流动性使得不同来源的数据互相融合和连接，由此生出前所未有的结构和功能。全国政协委员，最高人民法院副院长姜伟指出，"数据形态与现有法律客体的形态和性质均有不同，其权利主体是多元的，权利内容是多维的，涉及个人信息、企业利益、政府资源、数据主权、国家安全等多重维度，无法将数据所有权绝对化，不能简单地套用传统的物权规范。需要根据数据的属性特点建立数据产权制度。"①

部分人士在讨论数据权利的时候，将之等同于数据所有权，其实就是"权利球"的观念。实际上，所有权只是物权的一个下位概念，表现为对物的占有、使用、收益、处分四项权能。所有权是物权中最重要的一种权利，物权是财产权中的一种权利，这意味着所有权只是财产权项下的一种表现形式。数据权利中的数据财产权，虽然也属于财产权，但应当是一种新型财产权，是与知识产权、物权、债权等并列的一项财产权，而不应简单地被划到物权下。华东政法大学知识产权学院院长高富平指出，"数据资源化、资产化需要新财产权范式。……以有形物排他支配范式（所有权）不适用数据财产，需要发展出有利于数据流通利用秩序的数据财产权新范式。"②

值得一提的是，我国部分学者创造性地将"权能分离"理论引入数据权利中，提出了数据所有权和数据用益权的二元结构：原发者（个人或国家）享有数据所有权，采集者（企业）享有数据用益

---

① 《全国政协委员，最高人民法院副院长姜伟：尽快出台数据权利保护类法律》，中国政协，http：//cppcc. china. com. cn/2021－01/05/content_ 77081155. htm.

② 《数据开放与数据权属之问》，中国大数据产业观察，http：//www. cbdio. com/ BigData/2020－07/03/content_ 6157941. htm.

权，包括数据控制权、数据开发权、数据许可权、数据转让权等。①
该观点旨在平衡数据之上的多元主体与利益，其意值得赞许。但遗
憾的是，其囿于"权利球"的结构，不得不将数据所有权定位于数
据用益权的母权，就此而言，无论数据用益权如何充实，都不能脱
离所有权人的掌控，因为用益权永远是派生性的、特定目的性的和
期限性的。② 这为以长期性、长链条为特色的数据分享和数据流通埋
下了隐患。③

第二类是数据"权利束"观念。这类观念将权利理解为主体针
对他人可以做的一系列行为，其描述了人们对其拥有的资源可以做
什么、不可以做什么，包括但不限于占有、使用、开发、改善、改
变、消费、消耗、破坏、出售、捐赠、遗赠、转让、抵押、出租、
借贷，或者阻止他人侵犯自己的利益。④ 因而，该结构更像是一个个
权利木棍（sticks）扎成的"权利束"（a bundle of rights），当权利人
将"权利束"中的一项或几项权利转让给他人时，"权利束"的一
部分就丧失了。对于多元主体之多元利益载体的数据而言，相对于
"权利球"观念，"权利束"观念的灵活性明显更强。"权利束"以
权利的相对性为宗旨，将数据上的诸多权利均看作一个个完整和独
立的存在，每一束权利互不隶属。至于诸多权利之间如果存在权利

---

① 申卫星：《论数据用益权》，《中国社会科学》2020 年第 11 期。
② 崔建远：《母权—子权结构的理论及其价值》，《河南财经政法大学学报》2012
年第 2 期。
③ 对外经济贸易大学数字经济与法律创新研究中心：《数据权利研究报告》，
2021 年 5 月。
④ 〔美〕罗伯特·考特、托马斯·尤伦著，史晋川、董雪兵译：《法和经济学》
（第 5 版），格致出版社 2010 年版，第 66 页。

冲突，由于无法通过先定的、绝对的位阶高低来确立优先保护对象，则只能在实际场景中对各方加以具体比较后才能确定。① "权利束"的拆分，既是其优势，同时也是其困扰：权利束意味着权利可以采用无穷多样的形式，同时每一个片段还能再继续分解，这使得数据权利束将个人、集体、国家、数据业主的人格权、财产权甚至国家主权囊括殆尽②，并且，随着数据新型利用方式和价值的发现，这些权利束的数量还会持续增长③，权利束可能变得空洞化，权利之间的冲突也会加剧。以数据财产权为例，如果不界定产权，容易导致"公地悲剧"，但如果权利界定地过于分散，数据之上的权利主张人过多，又会导致"反公地悲剧"问题。④

第三类是数据"权利块"观念。数据"权利块"是对数据"权利束"的积极扬弃，是"权利束"解构"权利球"之后的再重构。⑤肇始于隐私保护的场景理论，主张在具体场景中确定数据的性质与类型，并根据场景中各方的合理预期来确定相关主体的数据权益。⑥"权利束"与场景理论的结合导致在不同的场景下，数据权利的分解

---

① 冉昊：《论权利的"相对性"及其在当代中国的应用》，《环球法律评论》2015 年第 2 期。

② 闫立冬：《以权利束视角探究数据权利》，《东方法学》2019 年第 2 期。

③ 包晓丽、熊丙万：《通讯录数据中的社会关系资本——数据要素产权配置的研究范式》，《中国法律评论》2020 年第 2 期。

④ 反公地悲剧（tragedy of the anticommons）这一概念是在 1998 年由美国教授 Heller 提出的，它是指本应公有的产权由于细分化、私有化导致社会未能充分利用资源的情形，是由公地悲剧产生的衍生词汇。与公地悲剧中由于资源过度利用所产生的问题相反，反公地悲剧是由于权利者较多，而权利者之间互相妨碍彼此对资源的利用，导致资源无法被充分利用甚至闲置而对社会利益造成损失的情形。

⑤ 冉昊：《财产权的历史变迁》，《中外法学》2018 年第 2 期。

⑥ 丁晓东：《数据到底属于谁？——从网络爬虫看平台数据权属与数据保护》，《华东政法大学学报》2019 年第 5 期。

和配置结果会所有不同。"权利块"观念认为,权利不应被毫无限制地罗列,也不能被任意切割,相反,权利总是在不同程度上以标准化形态出现,并受相对固定的形态约束。这一结构在保留权利束的人际性和相对性的前提下,克服了权利束的极端开放性。对外经济贸易大学数字经济与法律创新研究中心的许可主任认为,数据的"权利块"结构在保留了"权利束"优势的同时,最大限度地与我国"权能分离"理论相融贯,足以成为数据权利结构的最佳选择。许可(2021)提出了数据"权利块"的设计规则,总体来说,包括"整体设计规则"和"个别设计规则"两大类,前者指数据权利组织架构和普遍适用的一般规则,后者指数据权利因关系而异,不对

| | 公共数据权利模块 | | 私人数据权利模块 |
|---|---|---|---|
| **数据权利人与一切人** | 公共数据普遍开放制度 | 界面规则 | 数据安全制度 |
| **数据权利人与其他意定数据权人** | 公共数据受限开放制度 | | 数据交易制度 |
| **数据权利人与其他法定数据权人** | 公共数据共享制度 | | 数据法定利用制度 |
| **数据权利人与国家** | 不适用 | | 数据行业准入制度<br>重要数据制度<br>数据跨境流动制度 |
| **数据权利架构规则** | | | |
| **数据权利标准规则** | | | |

| 信息权益 | | | | |
|---|---|---|---|---|
| 个人信息权益 | 商业秘密 | 知识产权 | 国家秘密 | 政府信息 |

图4—2 数据权利制度框架及数据权利块

资料来源:对外经济贸易大学数字经济与法律创新研究中心:《数据权利研究报告》,2021年5月。

其他权利模块和系统产生直接影响的内部规则。"整体设计规则"又可细分为如下三种规则：一是架构规则，即关涉系统各部分是何种模块，它们具有何种功能的规则；二是界面规则，即关涉不同模块之间如何匹配、连接和相互作用的规则；三是标准规则，即关涉各模块的设计与运行是否符合系统一体化要求的规则。[①]

---

[①]　对外经济贸易大学数字经济与法律创新研究中心：《数据权利研究报告》，2021 年 5 月。

**数据权利配置的几种原则和思路**

根据公共选择理论，在"结果"层面分歧较大时，从"过程"层面寻求共识是解决分歧的重要策略。在配置数据权利的过程中，应当遵循怎样的原则，经济学家和法学家们提出的思路可以概括为以下五类。这些原则和思路并无绝对的优劣之分，可能需要根据不同的政治经济社会背景和具体场景相机选择。

## 一、劳动权理论

洛克在《政府论》中以泉水为例论证了他的劳动赋权论："虽然出自泉源的流水是人人应有份的，但是谁能怀疑盛在水壶里的水是只属于汲水人呢？他的劳动把它从自然手里取了出来，从而拨归私用。"[1] 这一认知，我国民众是最有体感的，农夫山泉只做"大自然的搬运工"，但谁又会否认农夫山泉这家公司在其中的价值呢？

这一逻辑同样适用于数据的权利配置。数据并非自然领域的产物，原始数据是数据生产者运用电子技术、服务器和电能将世界上弥散信息固定化下来的，数据集又是数据生产者在原始数据基础之

---

[1] 〔英〕约翰·洛克著，叶启芳、瞿菊农译：《政府论》（下），商务印书馆1964年版，第20页。

上进一步清理、加工、整合、提炼后得到的。无论是原始数据，还是加工后的数据集，无疑都是数据生产者劳动产出的，它本质上是劳动创作的成果，赋予数据生产者法律上的权利，符合"劳动创造财产"的基本理论。

从劳动权出发，数据生产者付出的增值性劳动能够获得相应的权利保护。[①] 需要指出的是，数据生产者既可能是企业、个人，也有可能是合作的多方，不同的情形下面，不同方对于数据的劳动[②]贡献也会不一样。比如，第一种情形，个人在平台上传身份证对应产生的数据，这种情形下，个人的贡献可能大于平台（虽然平台也需要为信息的记录、验证、存储和保护等付出成本）；第二种情形，个人在平台上购物留下的记录，该记录是个人购物行为的副产品，如果没有平台主动去记录成数据，这个信息就会耗散掉（大量的线下交易就是如此），平台的贡献应该要大于个人；第三种情形，对于挖掘分析形成的群体规律性数据、预测类数据，个人的贡献如果有，也应该是极小的。

## 二、成本—收益分析思路

成本—收益的分析思路，逻辑非常简单，就是将不同配置方式对应的收益和成本进行综合比较，从而确定净收益最大的方案。这

---

① 许可：《数据权属：经济学与法学的双重视角》，《电子知识产权》2018 年第 11 期。

② 对于劳动，需要区分无目的性的劳动（labor）和有目的性的劳动（work），work 才是劳动价值分配的基础，而 labor 不是。比如，无目的性的"搬砖"只能算是"摸鱼"，有目的性地"搬砖"去盖房子，才是有意义的 work。

是一种将最大限度地提高社会福利作为终极目的的思路。

以目前社会关注度较高的平台企业与用户之间的数据产权安排为例。如果把数据产权界定给平台，会有两个明显的收益：第一，每个用户拥有的个人数据不仅在数量上很少，而且在维度上也不多，将产权界定给企业，可以有效发挥出数据的"规模经济"（economy of scale）和"范围经济"（economy of scope），这也是大数据价值发挥的要求；第二，正如第二章所指出的，数据价值不仅来源于数据本身，更来源于数据能力，将数据产权界定给企业，才能激励企业在数据能力方面下功夫，而个人很难有利用大数据的能力。与此同时，将产权界定给企业也会带来一定的风险和成本，社会上比较关注的是两个方面：第一，侵权的风险，特别是数据的滥用对个人权益的损害；第二，对数据相对集中的担忧，产权界定给企业可能不利于数据的分享流通。

在上述例子中，所说的收益和成本究竟是否存在，如果存在，分别有多大，究竟是收益高还是成本高？对该问题的具体回答，不是本章所要讨论的，之所以提出这个问题，旨在强调，成本—收益分析思路的最大难点：人们对成本和收益的估计可能是非常主观的，缺少统一的标尺，而精密的定量测算又是相当困难的，所以成本—收益的分析思路可能仅限于争议比较小的具体场景中。

### 三、基于科斯定理的思想实验

科斯定理Ⅰ指出，当交易成本为零时，初始产权的分配是不重要的。通过讨价还价，资源的配置最终会达到最有效率的状况。科斯定理Ⅱ则指出，如果交易成本不为零，那么初始产权的配置将会影响资源的最终配置效率。科斯定理Ⅰ提供了一个进行思想实验的理论框架：假想一个交易成本为零的情形，推演在这种情况下资源最终会如何配置，最终的资源配置结果也就反映了最有效率的配置情形，所以，在交易成本不为零的现实世界中，可以根据实验下的最终配置结果来界定初始产权。

关于数据与隐私的问题，微软的首席经济学家苏珊·亚瑟（Susan Athey）等做过一个类似的实验。通过这个实验发现，尽管实验的被试者宣称自己对本人的隐私很重视，但实际上他们却都愿意以很小的代价出售自己的大量信息和数据。[①] 这种"隐私悖论"让学者和政策制定者困惑不已。目前，对隐私悖论有几种不同的解释：一种观点认为，当事人不了解侵犯隐私可能带来的伤害，或由于缺乏其他可替代的选择，为了使用广为流行的软件应用，他不得不忍受一定程度上的隐私侵犯。但随着市场竞争越来越激烈，很多可替代的产品正在涌现，这种解释越来越缺乏事实基础。另一种更让人信服的解释认为，当面临真实的选择时，是人们的真实行为，而不是口头表达，揭示了隐私和数据福利之间的权衡。当然，两种假设还都有待验证。[②] 如果第二种解释才是真相，那么，根据科斯定理，将数据的初始权利界定给企业，可能是最有效率的配置。

---

① Athey, S., Catalini, C., & Tucker, C. "The Digital Privacy Paradox: Small Money, Small Costs, Small Talk." NBER Working Paper No. 23488, https://www.nber.org/papers/w23488.

② 罗汉堂（研究机构）：《了解大数据：数字时代的数据和隐私》，2021年。

## 四、基于"事实控制"的思路

高富平指出，在没有法律确认或赋权的情形下，数据控制者对所控制的数据享有使用权，这种使用权是基于其合法获取并控制而产生的。在理论上，数据初始生产者或者数据主体只要不向外提供数据，是可以独占和独享数据的，但这也意味着无法实现数据的社会化利用的价值。一旦法律认可数据控制者具有允许他人使用数据的许可权，则数据可以被开放并在与其他数据的结合中发挥其价值。而一旦承认数据控制者可以许可他人使用数据，那么数据控制者的数据使用权事实上就成为一种财产权，具有上升或转化为法律权利的可能。数据事实控制的合法性建立在数据来源合法与数据可流通两个条件上。①

清华大学法学院副院长程啸（2018）也认为，在现实实践中，真正蕴涵巨大经济价值的是政府以及数据企业所收集和储存的海量的个人数据，单一个体的数据价值微乎其微，个体对于数据生产与数据可能发挥的价值难以有清晰的认知。而且，作为消费者的自然人在事实上并没有协商空间和议价能力，自然人在个人数据的所谓经济利益上根本就没有谈判议价的可能性。②

目前，个人不具备数据控制力，也尚未出现能够使个人恰当控制其数据的低成本技术。财产权制度应当与客观技术条件相匹配，

① 高富平：《数据流通理论：数据资源权利配置的基础》，《交大法学》2019 年第 4 期。

② 程啸：《论大数据时代的个人数据权利》，《中国社会科学》2018 年第 3 期。

在不具备数据实际控制的条件下赋予个人数据财产权，会沦为美好的"空头支票"。①

## 五、责任规则

产权不清晰，会产生成本，与此同时，界定产权本身，也是有成本的。当财产权界定困难的时候，关注"责任"，不失为一种好的思路。法律经济学大师、美国联邦上诉法院法官卡拉布雷西曾经提出过产权保护的三个规则，即财产规则（Property Rule）、责任规则（Liability Rule）和不可转让规则（Inalienability）。② 财产规则确保未经权利人的授权，其他人不得侵犯权利人的财产。法律界定初始权利之后，当事人可以自由协商并确定交易价格。责任规则是指未经授权的使用行为需要付给权利人相应的补偿，补偿价值由第三方决定。不可转让规则指的是即使拥有产权，也不能对物品随意转让。在其经典论文中，卡拉布雷西曾对上述三种原则的适用进行过深入的讨论。在他看来，如果市场上的交易成本很低，那么财产规则是更有效率的，通过自愿谈判，交易的各方都会更加满意；如果市场上的交易成本很高，那么财产规则就可能没有效率，而责任规则相比之下则更好；当然，无论是财产规则还是责任规则，都是针对在交易中不产生很大外部性的物品而言，如果交易会产生很大的外部性，那么即使对于产权所有者，也没有权利进行交易，此时产权应

---

① 袁昊：《数据的财产权构建与归属路径》，《晋阳学刊》2020 年第 1 期。

② See Calabresi, G., and D. Melamed, "Property Rules, Liability Rules, and Inalienability: One View of the Cathedral", Harvard Law Review 85 (6), 1972, pp. 1089 – 1128.

该遵循不可转让规则。举例来说，在污染企业愿意给当地居民补偿的情况下，当地居民可能与该企业达成交易，同意该企业污染环境，但该企业排污后，会对更广泛的非当地居民产生负面影响，还会对环境造成不可逆的破坏，所以，根据不可转让规则，这样的交易应当被禁止。

（第三节） 个人权益保护视角下的
数据权利配置

由于个人数据可以识别出特定自然人，因此对个人数据的收集、存储、分析和使用不可避免地会对特定自然人产生影响。对个人数据权利的保护主要是为了防止个人数据被利用导致自然人隐私等人格权益以及财产权益受到侵害。关于个人在数据中具体应该享受哪些权利，目前还有较大的争议，本节将相关观点述评如下。

**一、数据人格权应是个人数据权利保护的重点**

对于个人数据权利的保护，主要有两种出发点，其一是基于人格尊严与隐私保护，其二是基于财产规则。

部分人士认为，网络世界产生的海量数据应归属数据原始来源——用户个人。如果说印刷革命带来了知识产权，工业革命普及了专利制度，那么可以说，互联网数字革命必定带来个人数据所有权。个人数据所有权同样包括产权制度的经典元素：（1）个人要按自己的想法使用自己的数据；（2）个人若想毁灭自己的数据，无须获得任何"遗忘权"；（3）个人可以按照自己的意愿出售自己的数据以获取一定的利润回报。为了管理付费数据，可以尝试为每个网民设立一个智能账户来存储数据及其使用条件，让个人更多地控制其数字生活"痕迹"带来的潜在好处。

尽管不少人提议互联网数据归属网民,但是目前来看,全球尚没有一部法律体系承认个人数据所有权。这或许与在个人数据产权下,数据要素市场缺乏效率有关联。一方面,所有权界定给个人,会降低企业生产、积累数据的动力,导致数据供给规模的减少;另一方面,存在经济学中所说的道德风险和逆向选择问题,数据质量会下降,即在将个人数据划归用户个人的法律制度设计下,手握数据所有权的网民知道能将个人的在线数据对外售卖,就有动力花费时间和精力故意增加在线时间和在线数据量,这一行为会导致数据质量普遍下降,理性的数据需求公司购买此等数据的意愿和出价水平都将下降,最终导致数据要素市场萎靡。

程啸(2018)指出,从我国的历史和社会现实以及我国法学界的主流观点来看,数据人格权应是个人数据权利保护的重点,即,把赋予自然人对个人数据以民事权利的正当性或意义建立在维护人格尊严和人格自由的基础上。[1]

不过,个人数据保护不只是为个人设定权益,更旨在构建一个平衡个人、信息使用者与社会整体利益的法律框架,因此学者们普遍认为,个人隐私的绝对化保护并不可取[2],自然人对其个人数据的权利应当限制在适度范围内,为其提供防御性的保护,并在因个人数据被违法收集、使用而侵害自然人既有民事权益时为其提供侵权法上的救济。正如程啸教授指出,个人数据权利保护,本质上应当

---

[1] 程啸:《论大数据时代的个人数据权利》,《中国社会科学》2018 年第 3 期。
[2] 姬蕾蕾:《大数据时代数据权属研究进展与评析》,《图书馆》2019 年第 2 期。

是防御性或消极性的利益，而非积极性的人格利益或财产利益。① 这种主张与法律经济学大师卡拉布雷西所说的责任规则（Liability Rule）和不可转让规则（Inalienability）比较契合。

## 二、个人数据权利保护的具体内容

具体而言，个人数据权利的保护内容主要包括属于数据人格权范畴下的知情同意权、查询与修改权、删除权②，以及具有数据财产权属性的数据可携权，此外，数据企业或数据控制者还需承担保障个人数据安全的责任。③

第一是知情同意权。数据知情同意权是指服务提供商（或政府）在采集或处理个人数据前均须先告知数据主体其数据采集和处理的行为以及使用的目的、方式、范围，并征得数据主体同意，由数据知情权和数据同意权组成，知情权是同意权的基础。数据企业对于个人数据的收集利用也应当遵循一定的原则并及时对用户披露。

第二是查询与修改权。查询权一般指公民依法拥有向其个人数据（信息）持有者就其个人数据（信息）的来源、类别、内容、加

---

① 程啸：《论大数据时代的个人数据权利》，《中国社会科学》2018 年第 3 期。

② 有必要指出的是，在我国，相关权利是基于"信息"层面而不是"数据"层面的，根本目的是如何围绕个人信息内容保护人格权益，而不是在规定如何对数据进行处理。比如，《中华人民共和国民法典》规定的就是个人信息的更正权、删除权，而不是个人数据的更正权、删除权。关于"数据"与"信息"的区分，可以参见第一章的讨论。这个区分在某些情形下显得尤其重要，如在区块链应用中，区块链上的数据是难以更改和删除的，但并不影响在区块链中通过匿名化、密钥删除、设置访问权限等方式切断数据与个人信息之间的联系来实现信息的删除和更正。

③ 肖冬梅、文禹衡：《数据权谱系论纲》，《湘潭大学学报（哲学社会科学版）》2015 年第 6 期；相丽玲、沈文媛：《试析大数据企业保护用户个人数据权的法律责任》，《情报理论与实践》2019 年第 4 期。

工状态及加工目的等进行查询的权利。修改权一般指公民依法拥有向其个人数据持有者就其个人数据的完整性、准确性和及时性进行补充或更改的权利。这两种权利，在现行国内外相关法律法规中多有体现，美国规定数据主体可查询有关于自己的数据，而德国、欧盟以及我国还可查询个人数据（信息）的处理目的及现状等情况；在美国，数据主体可以要求修改其"不准确、不相关、不及时或不完整"的个人数据，而德国和欧盟可修改的个人数据限于"不准确"和"不完整"的个人数据，我国对查询权与修改权的保护相对完整。①

第三是删除权（被遗忘权）。数据被遗忘权源于因互联网的发展而产生并逐步完善。早期的被遗忘权，多与删除过去的犯罪记录相关，而后范围逐渐扩大。GDPR 提出的被遗忘权是指"如果一个人不再希望他的个人数据被数据持有者进行处理或存储，若没有合法理由继续持有，数据应该从数据持有者的系统中删除"。GDPR 将所有个人数据都规定在可删除范围内；美国加利福尼亚州的《橡皮擦法案》将权利主体限制为未成年人；英国的《个人数据保护法》将可被删除的个人数据限于"不准确"的个人数据。《中华人民共和国民法典》中规定，"自然人发现信息控制者违反法律、行政法规的规定或者双方的约定收集、处理其个人信息的，有权请求信息控制者及时删除。"《中华人民共和国网络安全法》中规定，"个人发现网络运营者违反法律、行政法规的规定或双方的约定收集、使用其

① 相丽玲、高倩云：《大数据时代个人数据权的特征、基本属性与内容探析》，《情报理论与实践》2018 年第 9 期。

个人信息的，有权要求网络运营者删除其个人信息"。

第四是数据可携权。数据可携带权最早由欧盟《通用数据保护条例》（GDPR）提出，包括副本获取（Right to obtain a copy）和数据转移权（Right to data transfer），赋予数据主体向数据控制者索取个人数据副本以及将个人数据从一个数据控制者转移到另一个数据控制者的权利，其中获取数据副本的条件是通过电子手段以结构化和常用格式处理过的数据（非常用格式则可以免受要求）。该条例对数据可携权的规定主要是为了促进数据的自由流通和市场竞争。不过，目前欧盟数据可携权仍不具有完备的法律体系和执法范围，我国及大多数国家的相关法律对此项权利也没有明确的规定。①

对于数据可携权是否应该成为一种基本权利，目前还存在非常大的争议：支持者认为数据携带权可以强化用户或数据主体对个人数据的控制，获得更好的服务和用户体验，并通过消除数据的"锁定效应"，促进网络与数字市场中的竞争，还可能促进行业数据传输标准的建立；反对者则认为数据携带权未必有利于用户的数据隐私保护，也不一定能够促进市场竞争，因为数据可携权可能反而会促使用户将数据从中小企业转移到大企业，且数据携带权所鼓励的互操作性的难度非常大，成本也非常高，会给中小企业造成更大的合规压力。此外，数据携带权的行使还可能侵犯企业的知识产权。②

第五是个人数据安全。个人数据安全性责任是指对个人数据的

---

① 冉从敬、张沫：《欧盟 GDPR 中数据可携权对中国的借鉴研究》，《信息资源管理学报》2019 年第 2 期。

② 丁晓东：《论数据携带权的属性、影响与中国应用》，《法商研究》2020 年第 1 期。

安全管理，即防止其丢失、泄露、损毁、未经授权的访问等，数据实际控制者有责任保障个人数据的安全。各国也均对此制定了相关的法律规定。比如，《中华人民共和国民法典》从个人信息层面进行了规定，"信息收集者、控制者应当采取技术措施和其他必要措施，确保其收集、存储的个人信息安全，防止信息泄露、篡改、丢失；发生或者可能发生个人信息泄露、篡改、丢失的，应当及时采取补救措施，依照规定告知被收集者并向有关主管部门报告"。

## 第四节　数据要素价值发挥视角下的数据权利配置

促进数据的生产、使用和流通，是发挥大数据价值的重要途径，部分学者基于这样的目标，从不同的角度提出了关于数据权利配置的建议。

### 一、保护数据生产者对数据的权利

数据的生产需要投入大量的人力、物力、财力，若企业对数据的财产权利得不到法律的明确保护，数据生产所带来的收益就具有不确定性，企业对于数据生产的积极性就会受到打击。我国最高人民法院已经明确，"依法保护数据要素市场主体以合法收集和自身生成数据为基础开发的数据产品的财产性权益"。程啸（2018）进一步指出，不应当将数据企业对其合法收集的个人数据的权利的使用建立在自然人对个人数据权利使用的基础之上，或认为是派生于政府的授权许可，而应当立足于大数据时代的数据活动的实际情况，肯定这种权利是原始取得的权利，并将之作为绝对权，而给予与物权、人格权同等程度的保护。①

---

① 程啸：《论大数据时代的个人数据权利》，《中国社会科学》2018 年第 3 期。

程啸（2018）提出，数据企业数据权利的内容及其保护应当包括以下几项：（1）数据企业在得到自然人同意的情形下，有权收集个人数据并进行存储（占有）。至于非个人数据，数据企业则有权依据法律规定的方式进行收集和存储。（2）数据企业在得到自然人的同意的前提下，可以按照法律规定及与自然人约定的目的、范围和方式进行分析、利用个人数据。而在个人数据进行符合法律规定的匿名化处理后，无须得到自然人的同意即可在不违反法律和行政法规强制性规定的前提下进行使用。（3）数据企业有权处分其合法收集的数据，如转让给其他的民事主体或授权其他民事主体进行使用。但是，对于个人数据则必须得到自然人的同意，才能进行处分。（4）数据企业的数据权利在遭受他人侵害时有权要求侵权人承担侵权责任，包括在他人未经许可而窃取数据时，有权要求侵权人停止侵害、删除非法窃取的数据；在侵权人因故意或过失而造成损害时，有权要求侵权人承担侵权赔偿责任。

有观点认为，应当强化对企业数据财产权利的保护。目前，国内对于企业数据财产权利的保护主要通过《反不正当竞争法》实施，但《反不正当竞争法》的保护方式不具有排他性（企业无法有效地阻止第三方主体抓取和利用企业数据），而传统的商业秘密保护规则并不能涵盖目前的大数据产品，因此企业只能在遭受特定市场侵害时寻求司法保护，是一种个案救济方式。此外，在《反不正当竞争法》的体系下，企业需要承受更重的举证负担、更高的维权成本，具有极大的不确定性。因此，仅通过《反不正当竞争法》保护数据企业对数据的权利,其强度和密度可能是不足的。

## 二、强化"责任规则"而不是"财产规则"

部分观点认为,强化"责任规则"而不是"财产规则",更有利于数据在不同主体之间的流转,有利于避免数据集中和浪费。从理论上讲,数据需求方可以向数据拥有方进行申请,从而获得数据的使用权,但现实中这样的交易成本可能会很高。由于双方对数据价值的判断不同,谈判可能会非常艰难。在这种情况下,基于"财产规则"的自愿的交易可能难以达到有效率的配置。如果根据"责任规则",允许数据使用者先使用数据,然后再根据第三方的估价让数据使用者向数据拥有方支付价格,可能会带来效率的提升。

为了促进数据的流通利用,仅仅关注权利是不够的,责任也极为重要。高富平(2019)强调,为促进数据流通,必须合理界分和分配数据流通中数据上的风险和责任。[①] 数据流通的风险和责任主要来自两个方面:一是源自数据控制合法性判断带来的风险;二是源自数据安全风险。法律应当向参与数据流通的每个当事人配置合理的责任,使其在其能力范围内对自己的流通行为承担责任,并合理地切割数据流通链条中参与者相互之间的责任,避免不当的责任转嫁或连带。对于数据的获取和流通是否违反法律的强制

---

① 高富平:《数据生产理论——数据资源权利配置的基础理论》,《交大法学》2019 年第 4 期。

性规定，流通双方对各自的行为独立负责，不牵连相对人之外的前手或后手。①

---

① 数据提供者要对所提供数据的合法性负责，对数据合法性承担瑕疵担保责任，对数据使用者使用的合法性进行必要的判断和控制，对于超出合同约定之外的使用不承担责任；数据接受（使用）者要对数据来源合法性进行必要的慎审调查，对自己使用行为的合法性承担责任，以期合理分配当事人之间在数据控制和使用等合法性审查方面的责任。在数据收集和使用侵害他人的商业秘密和数据上的人格利益或个人信息保护利益时，应当按照侵权责任法的基本原理认定数据提供者和数据使用的侵权责任，只有在当事人知道数据获取或使用行为存在侵权事实时，才需要对流通相对人的侵权行为承担责任。在数据安全责任方面，亦应当确立数据流通参与者"独立安全责任"的原则，每个主体对于各自数据的存储和流通环节中的安全承担独立的责任。

第五章

# 数据开放分享

数据治理的核心之一是推动数据有序、安全地流动，以便最大程度地挖掘和释放数据价值。数据流动则需要推动数据的开放分享，实现数据的"聚""通""用"。近10年来，发达国家以政府数据开放共享为核心，普遍进行了卓成有效的数据开放分享实践，在企业数据开放分享方面也有"开放银行"等创新探索实践。我国虽然还处于数据开放分享的初期阶段，但因为数字中国、数字政府等数字战略的实施，以及数字技术在各个领域的持续创新应用，数据开放共享也已取得较好成果。数据的开放分享，核心在于"数据价值"的流通，"分布式数据价值分享"或将成为未来数据开放分享的重要特征，而隐私计算等新型数字技术将为此提供技术支撑。

 **全球数据开放分享的背景**

　　首先，社会对知情权的追求在大数据时代有了新发展。伴随着社会和居民对知情权的追求不断升级，发达国家在信息公开、政务公开等方面也一直在升级。从整体来看，美国、英国、德国、法国、加拿大、澳大利亚等主要西方发达国家，早在 20 世纪 60—80 年代就开始出台关于信息自由、数据保护等方面的国家层级的法律，并不断改进信息公开、政府公开的方法。进入 21 世纪后，数字经济逐渐成形，信息革命无论是在政府还是经济各个领域都快速展开，大数据以几何级速度增加，传统的信息公开、政务公开方式已难以全面、有效达成社会知情权的实现。公众和各国政府普遍认识到，大数据的开放分享，可以有效打破"数据孤岛"，进一步满足社会和公众的知情权。

　　其次，大数据已成为社会发展的重要资源和新型生产要素，只有推动数据有序、安全地流动，才能更好发挥其价值。大数据普遍被认为具有规模海量、低价值密度、维度多样等特点，分散的数据维度少、数据量小、价值低。例如，人们的医疗数据分散在不同医疗机构，保险数据分散在不同的保险公司，借贷数据则分散在不同的银行，从而形成互不相连的单一数据源。单一数据源造成数据规模量小、可供分析维度少、数据质量低等问题，难以通过高级统计分析以及人工智能等技术盘活海量数据资源，充分发挥数据价值。只有通过算法、算力等实现数据的"聚""通""用"，才能实现数据价值的整合和有效释放。

数据开放分享是人类在数字经济时代必须面对的时代新命题，一方面数据融合可以带来极大的社会价值，大数据作为新型资源、生产要素可以创造更多的消费者福利，催生更多的经济创新；另一方面，数据开放分享稍有不慎也可能带来不利影响，在消费者层面可能使个人数据安全和隐私保护受到挑战，在企业数据主体层面可能使商业秘密、创新动力等受到挑战，在国家层面可能使国家安全受到部分挑战。

 **国外数据开放分享的发展情况**

继美国于 2009 年发布并上线整合联邦政府各行政部门数据的政府数据开放平台 Data. gov 以来，数据开放分享在全球范围内出现快速推进的趋势。

## 一、发达国家政府数据开放进展

### （一）美国

1995 年，美国共和党众议院创建 THOMAS. gov 网站，为公众提供有关立法的全面信息。之后，美国出现了多个数据共享网站，让数据开始走出政府，包括国民人口及经济数据共享网站 Census. gov、竞选财政数据共享网站 OpenSecrets. org、国会相关数据共享网站 GovTrack. us 等。2009 年，美国国家级政府数据开放平台 Data. gov 正式建立，其整合了联邦政府各行政部门数据，被学者认为是全球政府数据开放的标志性开端事件。[①] 美国政府数据开放有以下几个特征：

一是确保数据开放共享平台的数据可利用性较强。首先是数据可操作性强。Data. gov 上有 50 多个组织的近 20 万个数据集，涉及农

---

① 周千荷等：《美国政府数据开放分享的经验与启示》，《网络空间安全》2020 年第 10 期。

业、商业、教育、海洋、公共安全等 10 多个主题，但其有丰富的数据格式，可以满足不同用户提取、使用数据的需求，用户还可以通过该平台获得数据分析、摘录、提取、格式转换等数据处理工具与应用程序。其次是检索功能强。Data. gov 为用户提供了直接检索、按分类检索和按位置检索三种检索方式，能够最大化地方便用户检索。最后是用户参与度高。Data. gov 提供了信息分享功能，用户可将部分政府数据分享到 Youtube、Flickr 和 Facebook 等社交媒体上。为了方便与用户的沟通交流，Data. gov 设置了"问询""请求"和"问题报告"三大板块以提高用户的参与度。

二是通过完善的法律体系保障数据自由开放。该法律体系用于保证政府数据的开放性以及公众所获数据的质量和数量。从前期的《阳光下的政府法》和《电子政务法》，到 2009 年奥巴马签署的《透明与开放的政府备忘录》，共同为政府数据开放打好了基础。2015 年，美国颁布《第三份开放政府国家行动计划》，2016 年，美国发布《联邦大数据研究与开发战略计划》，2018 年 12 月 21 日，美国启用《公共、公开、电子与必要性政府数据法案》（又称《开放政府数据法案》），这些让美国政府在数据开放方面再上新高度。

三是通过有效执行机制和管理体系确保数据开放落实。[①] 美国政府为了保障数据开放分享的政策落到实处，制定了配套的政策执行机制，在人力、政府信息化顶层设计、技术政策制定、技术专项预算管理、数据战略规划等多个方面为美国政府数据的共享开放提供

---

① 宋卿清、曲婉、冯海红：《国内外政府数据开发利用的进展及对我国的政策建议》，《中国科学院院刊》2020 年第 6 期。

支持。在以往基础上，最新的《联邦数据战略与 2020 年行动计划》指出，建立联邦首席数据官委员会和联邦数据政策委员会，并通过专门负责人完成对数据全生命周期的监控和管理。

（二）英国

英国也是政府数据开放共享程度较高的国家之一。根据 2018 年万维网基金会的《开放数据晴雨表》，英国的政府数据开放总得分位列全球第一。

英国的数据开放分享，在平台建设方面注重用户体验以及激发社会使用兴趣。第一，数据开放提供多种数据分类入口。截至 2020 年 6 月，英国政府数据开放平台 data. gov. uk 共涉及商业与经济、环境、地图、犯罪与司法等 12 个主题的 54000 余个数据集，主要包括国土、地理信息、人口普查、国家预算、公司注册、国家立法、国际贸易、健康、教育、犯罪、环境、竞选结果等数据。为便于用户检索数据，平台提供发布机构、主题、数据格式等多种分类维度，在支持关键词检索基础上，还支持用户利用布尔逻辑组配、短语检索、字段限制、基于地理位置检索等检索技巧。第二，平台至今已举行七次"数据开放营"，培养全社会对开放数据的使用兴趣。此外，平台也及时倾听用户反馈并改进数据开放体验。

在政策保障方面，英国具有完善的政府开放数据政策法规体系。近年来，英国政府高层一直将政府数据开放作为国家战略进行推动。2010 年，英国首相卡梅伦提出致力于打造"世界上最开放、最透明的政府"。在数据开发战略规划上，2011 年至 2019 年，英国连续发布四份《英国开放政府国家行动计划》。在开放数据标准上，2010

年，英国发布《公共部门透明委员会：公共数据原则》，提高数据开放形式、格式、许可使用范围等 14 项原则。2012 年，发布《开放数据白皮书：释放潜能》，提出数据开放的五星评价标准和专门的"开放标准原则"。在开放数据创新利用上，英国政府倡导数据分析与可视化技术的创新，奖励推动开放数据创新的最佳组织。

在组织机制方面，侧重于"互相协同、共同推进"。首先，英国十分注重明确数据开放的责任主体。例如，英国内阁办公室为数据开放领导机构，主要负责协调和监督各单位数据开放工作，并负责制定与数据开放的相关政策法规。此外，英国还设有开放数据研究部门等。其次，英国组建了推进数据开放的专门机构。2011 年，英国设立了数据战略委员会和公共数据集团，前者向内阁大臣提供数据发布建议，管理与公共数据集团合同，以及为中央和地方的开放数据机构提供资金等；后者则致力于以低廉的价格为数据使用者提供服务，为中小型企业和非营利机构使用数据扫清障碍等。

### （三）欧盟

近年来，由于数据开放分享主要集中于政府公共数据领域，因此欧盟的数据开放分享主要由各成员国各自主导。但在欧盟层面，相应的数据开放分享工作也在有序开展，重点是在制度层面寻求欧盟范围内的统一，以便利化数据在欧盟内部的自由流通。

欧盟于 2020 年初发布《欧盟数据战略》，试图通过加强数据流通，建立真正的欧洲单一数据市场，其中公共数据的开放分享是重点。一是加强欧盟层面在数据公共空间使用数据的治理机制，优先通过标准化活动，形成数据集、数据对象和标识符的统一描述，促进各领域间的数据流动，以符合 GDPR 的方式保证数据在技术层面具有可用性。二是使以公共利益为目的的个人数据使用（即"数据利他主义"）更加便利。三是致力于实现更多高质量公共数据的再利用，使数据集在欧盟内部可以通过机器可读的格式利用 API 免费提供。2020 年底，欧盟发布《数据治理法》草案，进一步要求确保公共部门数据在受他人权利约束（如 GDPR）的情况下，允许出于"利他目的"重复使用。

### （四）小结：发达国家政府数据开放的主要特点

总体来看，发达国家政府数据开放具有以下三个方面的特点：

一是各国基本建立了全国性的"一站式"政府数据共享平台。除美国、英国外，加拿大、德国、法国、日本和新西兰等主要发达国家近年来均建立起全国统一的"一站式"政府数据门户网站。数据开放的领域集中在农业、经济、环境、教育、交通、健康、能源、科技等与公民密切相关的领域，提供 PDF、HTML、CSV、XLS、API 等多种形式的数据格式。

二是基本建立了较完备的数据开放分享法律体系和落实机制。2009 年之后，加拿大出台《信息获取政策》等，明确政府信息获取渠道；德国通过实施《信息自由法》等系列法律，明确政府数据的公开性和透明化原则；法国颁布《"数字共和国"法案》《公众与政府关系法》等，强调政府数据开放和数据安全。与此同时，各国与美国、英国类似，也建立了特色鲜明的数据开放分享落实机制。其中，德国专门设立开放数据机构，建立跨级别、跨行业的数据开放协调办公室。

三是在开放数据利用开发方面进行了多种创新，包括数据分级机制、有偿利用机制、多主体开发利用机制等。英国标准协会（BSI）和德国标准化协会（DIN）针对公众使用国家标准的有关数据制定了分级收费机制，在创新领域或政府资助的项目中提供一些免费的标准或公用规范，而其他领域的国家标准数据资源则需要通过购买才能获取。各国均倡导社会多主体参与数据开放分享。例如，2010年，美国联邦政府与健康服务企业、医药实验室、零售药房供应商与州免疫信息数据库等合作推出"蓝纽扣"计划，消费者使用"蓝纽扣"获取个人健康信息副本，以便管理其健康、经济状况，并与信息提供方交换信息。2012年，美国政府与电力行业合作推出"绿纽扣"计划，为家庭与企业提供能源使用信息，并帮助他们节约能源。

从效果上来看，数据开放分享的确对社会治理和经济发展起到了较明显作用。研究发现，数据开放分享之后，大量基础数据成为社会基础设施，吸引了相关商业机构、科技机构、中介组织等对数据的利用。例如，社会组织"为美国编程"利用美国波士顿市政府开放的13000多个公共消防栓位置数据，向本地居民发起"领养"消防栓活动，解决了该城市冬天消防栓经常被大雪掩埋导致火灾时消防员延误救火的痛点。新加坡近来利用政府开放数据实现了登革热传染疾病的群防群治等。

## 二、发达国家企业数据开放分享探索

政府各部门公共数据开放在数据开放分享中占有大部分权重，

此外，企业主体的数据开放分享也在探索中，其中金融领域的数据由于数据相对标准化、价值含量高，成为企业数据开放的领头羊。近年，全球范围内兴起的开放银行（Open Banking），是金融领域数据开放分享的典型创新。

开放银行，是一种旨在实现"银行无处不在"的发展策略，方式包括银行业向第三方机构开放金融服务接口和数据，或将第三方场景服务引入银行业务等，其目的是将金融服务嵌入各类商业、生活场景，发现并满足用户各种新型金融需求，实现数据融合和金融服务下沉。例如，近年来花旗银行和澳洲航空（Quantas）以开放API模式推出新型联营信用卡，客户可以直接在澳洲航空App上完成从开户到支付、还款的全部交互过程，澳洲航空负责账户管理，并且和银行数据分享。再例如，高盛和苹果公司合作推出数字信用卡Apple Card，苹果的硬件、软件和用户数据与高盛的金融服务无缝连接，共同为双方素未谋面的海量用户提供全新体验的移动互联网消费金融服务。

近年来，随着开放银行理念的发展，账户数据整合成为美国和欧洲等成熟市场智能投顾平台的普遍实践。账户数据整合和理财规划功能在提升家庭长期财务规划意识方面能够发挥非常重要的作用，也是投顾人员全面了解客户非常好的工具。美国的Mint公司具有很强的代表性。根据官方网站的数据，Mint目前拥有约5000万客户，客户可以通过授权在Mint网站上管理美国几乎所有的金融账户储蓄、抵押贷款、汽车贷款、信用卡、学生贷款、养老金和股票等。该公司已与美国多家金融机构签署了数据共享协议。通过一站式数据收集，Mint 还提供增值服务，如消费者财务分析，财务规划和账单支付为客户带来了极大便利，为客户增值创造了机会。

顺应个人账户数据整合的市场需求，欧美市场还发展出一批专门为创新型企业和金融机构提供个人账户数据链接的中间层企业。Yodlee 是美国一家领先的数据聚合和分析平台公司，其提供三类 API 产品：一是数据聚合 API，利用机器学习和数据科学算法识别商户交易数据并将其分门别类，从而为上层商业生态系统内的第三方公司提供精确、清晰、标准化和易于使用的交易数据源；二是账户验证 API，以往银行账户验证过程需要花费数天时间，甚至需要客户核实银行账户中的小额存款以验证账户，而 Yodlee 的账户验证 API 将此过程缩短至秒级，客户只需要输入网上银行凭证即可实时验证账户内余额；三是资金流动 API，使用 Yodlee 的 API 平台，客户可以通过第三方应用程序连接到自己的银行账户，并在一个安全的支付环境中转移资金。

此外，发达国家金融机构在服务中小企业方面正从支付、信贷等单点金融服务方式，向多元化、全流程的生态服务方式转变，该种服务转变也离不开数据融合利用。例如，美国智能财税服务巨头 Intuit 公司充分利用自身的财税服务和数据价值，与市面上主流中小企业服务平台进行深入合作，建立全方位、全流程的中小企业服务的开放生态，具备了为中小企业提供财务、税务、薪资、支付、理财等综合服务能力。

 **中国数据开放分享的发展情况**

　　我国也极为重视数据开放分享战略。党的十八届五中全会通过的《中共中央关于制定国民经济和社会发展第十三个五年规划的建议》提出，"实施国家大数据战略，推进数据资源开放分享"。国家大数据战略，旨在全面推进我国大数据发展和应用，加快建设数据强国，推动数据资源开放共享，释放技术红利、制度红利和创新红利，促进经济转型升级。

　　我国目前虽处于数据开放分享的发展初期，但在借鉴国际经验的基础上，结合建设数字中国、数字政务以及数字经济基础设施的建设需求，我国开展了大量数据开放分享实践，在取得一系列成效的同时，还探索了中国特色的数字政务模式，以及企业数据融合模式。

## 一、我国政府数据开放实践

### （一）我国超半数省份建成数据共享平台，但数据开放速度、质量仍有进一步提升空间

　　我国虽然尚未形成国家层面的"一站式"政府数据开放分享和开发利用平台，但政府数据开放进展迅速、喜人。2012 年，上海市政府推出我国首个公共数据平放平台（https：//data. sh. gov. cn），之后北京、湛江等地也建设了自己的网站。在 2015 年国家出台《促

进大数据发展行动纲要》之后，我国政府数据开放平台呈现爆发式增长。据复旦大学与国家信息中心数字中国研究院联合发布的《2020下半年中国地方政府数据开放报告》，截至2020年10月，我国已有142个省级、副省级和地级政府上线了数据开放平台，与2019年下半年相比，新增4个省级平台和36个地级（含副省级）平台，平台总数增长近4成。[①]

在建设模式方面，我国省级开放平台分两种，一种是省统一建设平台并为各地市提供数据存储、安全和门户个性化定制等服务；另一种是省市独立建设，相互之间关联性低，该情形相对较为普遍。

在平台功能方面，各地已建开放平台基本包括数据目录预览、数据分类检索、数据详情、数据下载、接口服务和功能交流等功能。部分地方还增设了数据可视化分析大屏、分析工具、智能客服等功能。

在开放数据数量方面，全国开放数据集[②]总量已从2019年10月的71092个增长到2020年10月的98558个，增幅接近40%。然而，各地之间的开放数据集总量仍差异显著，约20%的地方平台已开放的有效数据集总量超过了1000个，其中山东的威海、烟台、枣庄等地区开放的有效数据集总量最高，但目前还有约50%的地方开放的有效数据集在数量上不到100个。从数据容量[③]来看，截至2020年

---

[①] 复旦大学数字与移动治理实验室：《中国地方政府数据开放报告（2020下半年）》，http：//ifopendata. fudan. edu. cn/report.

[②] 政府数据开放平台通常以下载或API接口的方式提供数据集，数据集总量统计的是平台上可通过下载或API接口获取的有效数据集总数。

[③] 数据容量是衡量数据数量的另一个维度，指将一个地方平台中可下载的、结构化的、各个时间批次发布的数据集的字段数（列数）乘以条数（行数）后得出的数量，体现的是平台上开放的可下载数据集的数据量和颗粒度。

10 月，各地开放的有效数据集的总容量接近 19 亿个，与 2019 年同期相比增长约 23%。然而，各地开放的数据容量大小差异显著，浙江与温州两地平台上开放的可下载数据集的数据容量已分别超过 1 亿个，但仍有约 43% 的平台上开放的数据容量在 100 万个及以下。

在开放数据质量方面，约 35% 的地方平台提供了优质数据集，但优质 API 接口屈指可数。各地提供的 API 接口普遍存在调用难度高、调取数据容量小和数据更新频率低等问题。在开放数据标准上，超四成地方平台缺少专门的开放授权协议，仅有不到两成的地方平台为数据集标示了多种开放类型。在开放数据持续性方面，仅有不足一成的地方平台能在近两年半以来每个季度都能持续新增数据集；2019 年第二、第三季度，近四成的地方平台没有更新数据集。①

**（二）我国数据开放分享政策、法规体系建设进入快车道，但还缺乏权威法律体系**

近年来，党中央、国务院和国家有关部委高度重视政府数据开放分享工作，相继发布了一系列政策、法规指导各地加快建设数据开放平台。2015 年 9 月，国务院印发《促进大数据发展行动纲要》，提出"加强对政府部门数据的国家统筹管理，加快建设国家政府数据统一开放平台"。2016 年 7 月，《国家信息化发展战略纲要》印发，要求建立公共信息资源开放目录，构建统一规范、互联互通和安全可控的国家数据开放体系。国务院办公厅于 2016 年、2017 年相

---

① 参见国家信息中心数字中国研究院公共数据开放联合课题组：《数据开放浪潮》，社会科学出版社 2020 年版。

继出台《政务信息资源共享管理暂行办法》《政务信息系统整合共享实施方案》，要求将政务信息系统纳入共享范畴，推进全国政务信息整合共享。2017年2月，中央全面深化改革领导小组通过《关于推进公共信息资源开放的若干意见》，提出进一步强化信息资源深度整合；发挥市场优势，促进信息资源规模化创新应用。党中央、国务院于2020年3月30日颁布的《关于构建更加完善的要素市场化配置体制机制的意见》指出，要加快培育数据要素市场，促进重点领域政府数据开放和数据资源有效流动，扩大农业、工业、交通等重点行业的政府数据开发利用场景。

我国还有近20个省级行政区颁布了公共数据管理办法或信息资源共享管理办法、总体规划，广东、山东等省份还发布了公共数据开放的地方技术标准和规范，对数据开放涉及的基本要求、分级分类、脱敏和指标评价等进行了探索。

不过，总体来说，与西方主要发达国家相比，我国政府数据开放分享政策、法律体系还处于建设阶段，尚未出台全国层面的关于政府数据开放、开发利用的系统性的法律法规，更缺乏辩证统一的权威法律体系，也未有专门针对数据隐私保护的法律。[①]

**（三）政府数据开发利用亮点频出，但潜力有待进一步释放**

目前，我国政府数据开发利用的进程集中于地方政府数据的集聚和开放分享阶段。在政府数据开发利用的典型工作上，交通运输部、教育部、生态环境部等部门积极响应国家大数据战略行动，出

---

① 宋卿清、曲婉、冯海红：《国内外政府数据开发利用的进展及对我国的政策建议》，《中国科学院院刊》2020年第6期。

台指导性部门规章，在交通、医疗、气象、教育等重点领域推动政府数据开放和融合应用，推进政府数据资源开发进程，上线了服务于交通、教育、健康等的有效应用。此外，上海开放数据创新应用大赛、青岛市政务数据中台等地方政府数据的探索利用均取得了显著成效。不过从整体来看，我国现有数据开放分享中，利用国家政府开放数据进行公共服务或商业应用的亮点开发行动还是非常不足的，对行业开放数据的挖掘不够深，未来政府数据开发利用的深度有待进一步加大，进一步释放应有的潜力。

## 二、我国打破"数据孤岛"的数字政务创新

我国在加快建设"一站式"政府数据开放分享和开发利用平台的基础上，还在进行具有中国特色的公共数据融合利用模式创新——数字政务"一网通办"。

近年来，我国各级、各地的数字政府建设取得显著成效，以"互联网＋政务服务"为代表的举措已全面铺开。我国数亿居民在线下基本实现"只进一扇门""最多跑一次"的基础上，在线上也能实现"一网通办"，数字生活水平在全球居于领先位置。2018 年起，我国政务服务"一网通办"还与国内大型互联网平台合作，利用数字科技手段提升用户精准触达和智能服务水平。

我国政务服务"一张网"已初步形成。2018 年 10 月，西藏自治区政务服务网开始试运行，标志着我国 32 个省级政务服务平台已基本建成。2019 年 5 月，国家政务服务平台上线试运行，联通了 32 个地区和 46 个国务院部门，标志着以国家政务服务平台为总枢纽的

全国一体化政务服务平台框架初步建成。[①] 通过打造全国政务服务"一张网"，全国一体化平台标准规范体系、安全保障体系和运营管理体系已基本建立，这让我国政务服务数据共享水平有了显著提升。

## 三、我国企业数据开放分享探索

在公共数据开放之外，近年来我国也在企业数据开放分享方面进行了富有成效的探索。例如，商业银行与三大电信运营商、公安系统通过数据合作，共同开展金融反欺诈业务。再例如，在中央网信办指导下，公安部门与阿里巴巴集团等互联网平台通过数据融合，上线"团圆"系统（公安部失踪儿童紧急发布平台），利用高科技和信息化手段以"互联网＋打拐"的形式，在近年成功找回数千名失踪儿童。

在金融领域，在用户授权基础上通过数据融合提升金融服务广度和深度，也是大势所趋。近年来，作为数字信贷的一种创新模式——互联网联营贷款——在中国快速发展，互联网联营贷款可以视为我国典型的企业数据开放分享模式之一。

联营贷款/助贷模式是金融机构和互联网平台优势互补的有效分工合作。现有金融机构主要依托线下网点展业，其优势在于资金成本低、资金渠道多元化，同时拥有客户的强信用数据。但对于服务长尾客群有两大困难：一是难以有效触达客户或者触达成本高；二是风险评估、管理难，长尾客户由于缺少征信记录和抵押物，对金

---

① 中共中央党校（国家行政学院）电子政务研究中心：《省级政府和重点城市网上政务服务能力调查评估报告（2019）》，2019 年 4 月。

融机构的事前风险评估和事中风险管理构成很大挑战。金融科技平台的优势是能够较快、低成本触达用户，并能通过大数据来精准和动态地评价用户风险，但总体资本规模小、资金渠道缺乏，也严重制约了金融服务能力的发挥。通过联营贷款合作，商业银行通过互联网平台的多维度大数据的分享，拓展了获客渠道，降低了信息获取成本，提升了风控效率；互联网平台则为客户提供更好的消费体验，促进业务增长；消费者则获得了更好的消费体验、更低的信贷门槛和贷款利率。

第四节 数据开放分享的未来模式：
分布式数据价值分享

数据开放分享对于各行各业数字化升级、降本增效，消费者福利增加，以及国家经济结构深刻转型均有重要意义，加强数据的开放分享是全球大趋势。与此同时，数据开放共享并不简单，需要有创新的解决方案，以化解面临的挑战，走出一条多方共赢的、可持续的数据开放分享道路。分布式＋注重数据价值的分享模式，可能会成为未来主流模式。

### 一、数据开放分享面临的挑战

第一重挑战是数据分享方会面临合规、舆情等风险，"不敢分享"。直接传输和分享原始数据的方式，容易造成个人信息泄露和滥用，如果第三方产生侵犯个人隐私、数据泄露等事件，数据分享方同样会被认为难辞其咎。比如，剑桥分析数据泄露事件中，剑桥分析公司（Cambridge Analytica）为了吸引更多的人参与，他们还为用户提供 5 美元的奖金，用户只需回答一些无关紧要的测试问题，就可以获得奖金，而前提是将部分 Facebook 信息授权给这个第三方程序。在这个事件中，Facebook "被动"分享了用户信息，但其因为对第三方程序的风险把关不严，依然负有不可推卸的责任。

第二重挑战是数据分享方的财产性权益难以有效保障，"不愿分享"。数据作为一种虚拟资产，具有复制成本低的特征。直接传输和分享原始数据的方式，无法对分享出去的数据进行有效的管控和保护，可能被复制和滥用，不仅损害数据分享方的商业利益，甚至导致数据安全隐患。在缺乏机构互信的情况下，数据可复制性进一步阻碍了数据的跨机构联合应用。

## 二、"分布式数据价值分享"是未来数据开放分享的核心特征

少部分人士提出，可以采用集中式、大一统的数据管理和强制性的数据开放模式，但该方案无法解决安全、激励和创新问题，可能难以持续。以大数据时代的数据量级，所有数据集中存储和调用的成本极高，且极易产生数据安全漏洞和个人隐私保护漏洞。更为重要的是，数据不是自然存在的，而是生产出来的。数据是相关主体投入存储、算法、算力、技术人员等"生产"出来的，是从非结构信息中记录、清理、整合、提炼、加工出来的。原始大数据的收集、数据处理技术的引入和研发，个人信息保护和数据安全合规成本的投入，以及相关设备购置等，均需投入巨大的成本。如果不尊重和保护数据生产者的财产权益，会降低机构进行数据生产和积累的积极性。

最高人民法院也对数据生产者的财产权益表示了认可，在《最高人民法院关于支持和保障深圳建设中国特色社会主义先行示范区的意见》《最高人民法院关于人民法院为北京市国家服务业扩大开放综合示范区、中国（北京）自由贸易试验区建设提供司法服务和保

障的意见》均明确指出，"依法保护数据要素市场主体以合法收集和自身生成数据为基础开发的数据产品的财产性权益"，这也已成为司法实践中遵循的原则。

目前，主流观点认为，对于数据开放分享，还是应该坚持市场机制在资源配置中的决定性作用。只有尊重和保护市场机构的权益，才能激励市场机构去进行数据的生产、积累和向业务价值的转化。相比于"大一统"，"分布式"分享符合市场化原则，"分布式"会成为未来数据开放分享模式的核心特征之一。

注重数据价值而不是数据本身的分享，是未来数据开放分享模式的第二个核心特征。对于数据要素市场的构建，把原始数据拿出来交易只是其中一种方式。数据作为企业的生产要素、国家的战略资源和个体的数字人格，承载着多元利益，将数据简单化视为一般商品拿来交易的思路，没能洞见数据利益的多元性。过去的实践也证明，这种模式并不成功，而且引发了一些问题。中国互联网金融协会发布的《金融业数据要素融合应用研究》指出，"数据要素融合是指在数据要素化背景下，对单一或多个数据源的数据进行关联、组合等操作，从而获得更好的数据处理效果。传统的公开数据搜集、原始数据共享等融合方式存在一定局限性"。[1]

数据价值的流通是数据流通的本意和核心，把握住这一点，我们将会看到很多新的解决思路。通过搭建数据价值的互联互通网络，在确保数据安全可控和隐私保护的同时，实现数据的"可用不可见"

---

① 《〈金融业数据要素融合应用研究〉重磅发布》，新华网，http：//fintech. xin-hua08. com/a/20201118/1963923. shtml.

"定量定向使用",从而构建出一个分布式数据价值流通体系,这或是我国数据要素市场建设的未来方向。

中国人民银行于 2021 年 2 月发布的《金融业数据能力建设指引》提出,"建立数据规范共享机制,在保障原始数据可用不可见的前提下规范开展数据共享与融合应用,保证跨行业、跨机构的数据使用合规、范围可控,有效保护数据隐私安全,确保数据所有权不因共享应用而发生让渡"。这正是"分布式数据价值分享"模式的具象表述。

近年来,快速发展起来的隐私计算技术(多方安全计算、联邦学习、数据可证去标识化等)已成为分布式数据价值分享体系的技术底座(关于隐私计算的技术体系和应用,将在第六章详细展开)。《积极培育壮大数据产业(人民要论)》指出,数据的"价值释放模式不断创新。随着数据要素市场快速壮大,数据要素价值实现手段持续丰富完善。流通技术方面,数据沙箱、联邦学习、多方安全计算等创新技术,能够在原始数据不泄露的前提下实现合法合规的数据开放,帮助多个机构在满足用户隐私、数据安全和法规要求的同时,进行数据使用和机器学习建模"。[①] 中国互联网金融协会发布的《金融业数据要素融合应用研究》也强调,"运用多方计算(业界亦称多方安全计算或安全多方计算)、联邦学习等技术,推动金融业数据要素在确保安全合规前提下实现融合应用创新,在促进金融业数字化转型、增强数字普惠金融水平、落实金融消费者保护要求、提

---

① 《积极培育壮大数据产业(人民要论)》,人民网,http://wap.peopleapp.com/article/6156668/6061549.

升金融穿透式监管效能等方面具有重要意义。"① 历史总是在不断解决问题的过程中进步，而技术创新正是为解决问题而生，相信在技术创新的加持下，分布式数据价值分享体系指日可待。

---

① 《〈金融业数据要素融合应用研究〉重磅发布》，新华网，http：//fintech. xin-hua08. com/a/20201118/1963923. shtml.

# 第六章

# 隐私计算

正如第五章所讨论的，如何在满足数据安全、隐私保护和监管合规的前提下，链接数据孤岛，实现多方协同，释放数据要素价值，是当前数据开放分享与数据要素市场构建的一大难题，而隐私计算技术正是解决这一难题的技术方案。曾经，我们期盼，人与人之间不见面就能实现远程交流，互联网技术已经使之成为现实；而今天，隐私计算技术让数据在"不可见"的情况下就实现数据价值的交互融合成为现实。本章介绍了隐私计算技术体系以及应用落地案例，并在最后对隐私计算技术未来发展趋势以及面临的挑战进行了探讨。

 隐私计算技术体系

　　隐私计算（Privacy-preserving Computation）是一套包含人工智能、密码学、数据科学等众多领域交叉融合的跨学科技术体系，以保护数据全生命周期隐私安全为基础，实现对数据处于加密状态或非透明状态下的计算和分析，从而达到促进数据要素流通融合、有效提取数据要素价值的目标，是目前业界认可的，能够有效平衡数据共享价值挖掘、数据安全与隐私保护的解决方案。

　　常用的隐私计算方案有多方安全计算、联邦学习、机密计算（可信执行环境）、数据可证去标识化等。每种单一技术解决特定问题，但也具有一定局限性。其中，多方安全计算、联邦学习主要解决"数据可用不可见"问题，安全性较高，但在大规模数据计算和复杂模型场景下受限，主要体现在性能和实现成本上。机密计算和可信执行环境主要解决数据计算时的机密性和完整性，不解决合规问题，并且当前硬件资源受限。数据可证去标识化主要解决面向大规模数据的高性能分析与计算的隐私合规问题，实现"数据可算不可识"，但无法完全避免"重新识别特定个人"的可能性，需要同时匹配"不可重新识别特定个人的"的制度约束。所以隐私计算需要基于业务场景、数据量、计算性能、数据安全性，对基础隐私计算技术方案做有机结合，以达到安全和业务效果的最优解。

## 一、多方安全计算

多方安全计算（Multi-party Computation，MPC）要解决的问题是，当有多个互不信任的计算参与方带着自有数据参与计算，如何融合多方私密的数据以计算出一个目标结果的过程。秘密分享（Secrete Sharing，SS）是 MPC 中一个基本技术，通过秘密分享可以实现加密信息在多方间分享，在原始数据不出域的前提下，仍能使用加密数据进行统计分析或模型训练等。

秘密分享的基本思路是将每个数字拆散成多个数，并将这些数分发到多个参与方，每个参与方拿到的都是原始数据的一部分，一个或少数几个参与方无法还原出原始数据，只有大家把各自的数据凑在一起时才能还原真实数据。

例如，张三在申请贷款时需要提供其三年的平均薪资，该用户的三年薪资数据分散在 A、B、C 三家银行，分别是 10 元、15 元、25 元。为计算出该用户三年平均薪资，每家银行将该用户在该银行单年薪资拆成 3 个随机数。例如，A 银行将该用户的 10 元薪资拆成 2、3、5 三个随机数，总和仍然为 10。然后，每家银行将其中两个随机数分发给另外两家银行。在这个环节，任意一家银行仅获得两个随机数，但无法推断出其他银行掌握的原始薪资数据。每家银行将随机数相加并平均，依次得到 14、18、18 三个数，并将三个随机平均数进行加总，得到的平均数与原始薪资 10、15、25 的平均数一致（如图 6—1 所示）。整个计算环节没有任何银行泄露了用户的原始薪资数据，同时，任何一个参与方要根据获得的随机数推论出原始薪资数据也是不可能的。

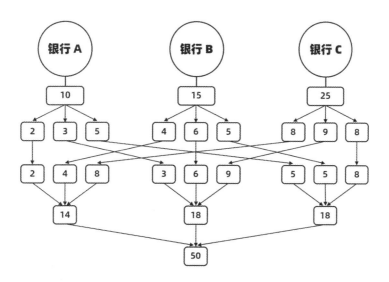

图6—1 多方安全计算技术示意图

## 二、同态加密

同态加密（Homomorphic encryption）是一种加密形式，它允许参与方对加密之后的数据进行计算，整个过程中数据都处于加密状态，但加密计算的结果解密后与对明文进行计算所得到的结果是一样的。

使用同态加密也可以来解决张三在三家银行的平均薪资的问题。A、B、C 三家银行可以分别对张三在自己银行的薪资进行加密，10元加密后得到密文 X，15 元加密后得到密文 Y，25 元进行加密后得到密文 Z；然后三家银行把密文 X、Y、Z 发送给一个委托机构 D 进行计算，D 得到 X、Y、Z 之后，对这三个密文进行平均值的计算，得到结果 T；然后 D 把 T 发给张三申请贷款的银行，那么这个银行把 T 解密后，得到的结果正好就是 10、15、25 的平均数（如图6—2所示）。由于整个计算过程中，传输的都是密文，所以原始数值不会泄露。

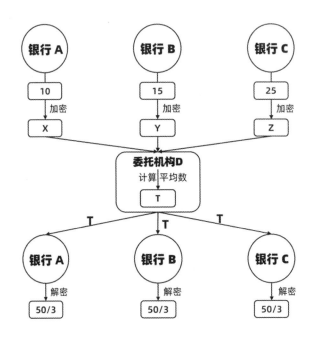

图6—2 同态加密示意图

## 三、差分隐私

差分隐私（Differential Privacy）是通过在计算结果中添加噪音的方式，保证数据使用者无法根据多次计算结果的差异推测个体隐私信息的技术。

比如我们再来看张三贷款的问题：接收到张三贷款请求的银行，发现张三的薪资分布在 A、B、C 三家银行，那么这家银行通过安全的方式，得到了张三在这三家银行的平均薪资；但是第二天，银行发现，其实张三过去三年在第四家银行 D 也有薪资，那么银行又发起了一个张三在 A、B、C、D 四家银行的平均值的计算，并得到了结果。虽然这两次计算，都是通过隐私保护的方式来进行的，计算过程中不会泄露张三在任何一家银行的薪资状况，但是得到结果的这家银行，根据两次计算的结果的差异，就能够准确推测出张三在 D 银行的薪资状态。差分隐私技术就是来解决类似这样的问题，通过对结果加入一个随机数，使得结果方无法准确推测出原始数据的值，同时保证统计结果并未发生显著改变。在实际场景中，通常会将差分隐私与多方安全计算结合使用，以保证中间过程和计算结果的数据保密性。

### 四、联邦学习

联邦学习是一种通过中心服务器协调多个实体，协作完成机器学习任务的机器学习范式。在协作过程中，各实体的原始数据不出域，通过在各实体和中心服务器间进行不泄露隐私的信息交互，完成预定的学习目标。

联邦学习的过程中，原始数据留在本地，数据方在本地计算出梯度（中间结果）后，把各方的梯度汇总到中心服务器，完成梯度聚合。这个过程中，数据方和中心服务器只有梯度的交互，不会泄露原始数据。联邦学习和多方安全计算或者差分隐私结合，可以防止从梯度推测出原始数据，更进一步提升安全性（如图6—3所示）。

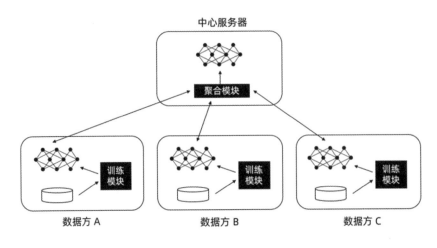

图6—3  联邦学习示意图

## 五、机密计算

机密计算（Confidential Computing）是一种通用高效的隐私计算技术，其通过隔离、可信、加密等技术，可对内存中的密态数据进行处理，保障使用中数据（Data-in-use）的机密性和完整性。相对于其他隐私计算技术，机密计算具有通用和高效的特点，不仅可以无缝支持通用计算框架和应用，而且计算性能基本可匹敌明文计算（如正常的 Linux 计算应用）。因此，机密计算的应用范围极为广泛，尤其对于安全可信云计算、大规模数据保密协作、隐私保护的深度学习等涉及大数据、高性能、通用隐私计算的场景，更是不可或缺的技术手段。

可信执行环境（Trusted Excutive Environment，TEE）则是机密计算的支撑技术，一般需实现如下技术目标：隔离执行、远程证明、内存加密。其中，隔离执行是通过软硬结合的隔离技术将 TEE 和非 TEE 系统隔离开来，从而让可信应用在面对不可信（甚至恶意）的软件环境时仍然能安全无虞。远程证明支持对 TEE 中代码进行度量，并向远程系统证明符合期望的代码正运行在合法的 TEE 中。内存加密用于保证 TEE 中的代码和数据在内存中计算时仍处于加密形态，以防止特权软件甚至硬件的窥探（如图 6—4 所示）。

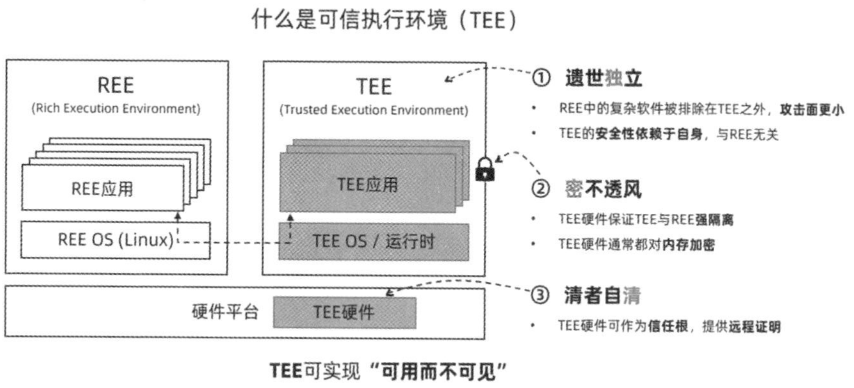

**什么是可信执行环境（TEE）**

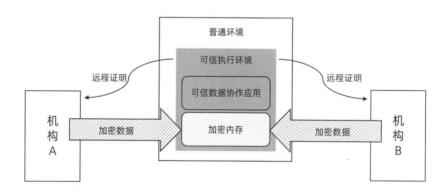

图 6—4　可信执行环境示意图

图 6—5 展示了一个基于可信执行环境的典型数据协作应用场景——多个参与方将加密数据传入 TEE，并经过远程证明确认目标环境确实是可信的，且运行的是预期的可信应用，之后才允许数据在 TEE 中以内存加密的形态运算。

图 6—5　基于可信执行环境的典型数据协作应用场景

## 六、数据可证去标识化

在数据规模较大（如大于百万条记录）或者对计算性能要求较高时，基于多方安全计算或联邦学习的技术可能难以满足性能或者实时性需求。在大规模或实时性要求较高的数据分析场景下，可证去标识是目前唯一能同时满足隐私合规要求和计算性能要求的新技术。这种技术确保数据去标识后，数据接收方无法重新识别或者关联个人信息主体。

可证去标识首先对参与计算的多方数据进行去标识管控，确保所有计算基于去标识后的数据展开；其次构建集中式的可信执行环境，通过对试图关联或还原个体身份的高危行为进行拦截，实现挖掘过程中个人数据"可算不可识"；最后在结果输出阶段，对输出数据进行原始数据拥有主体及用户的双重确权，实现了价值输出时各方权益可保障（如图6—6所示）。

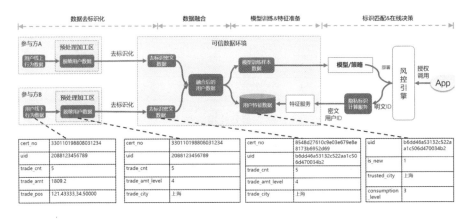

图6—6　数据可证去标识化示意图

该方案可与现有大数据技术栈无缝集成，且采用集中式计算规避了跨网延时成本，可支持大规模数据的高性能分析和计算。而且，计算场景受限较小，支持几乎所有类型的数据分析和建模。数据可证去标识化较好地平衡了个人隐私权保障、数据处理规模和业务实时性，适用于对计算环境存在信任基础的多方大规模数据挖掘场景。

## 七、隐私计算与区块链的结合

隐私计算解决数据使用中的个人隐私保护问题，而区块链解决数据的可信和多方协作问题，两者结合可实现全流程可记录、可验证、可追溯、可审计的安全可信数据共享流通，可以支撑构建更广泛的数据共享网络（如图6—7所示）。

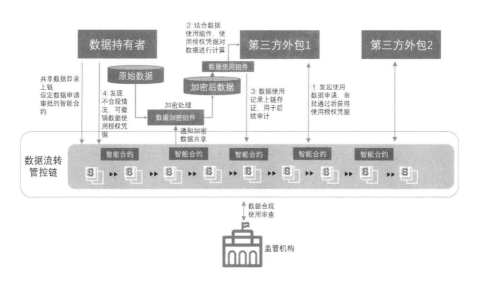

图6—7 基于区块链+隐私计算的数据分享使用流程示意图

隐私计算与区块链结合，有以下价值和优势：

一是可以构建全程闭环的数据生命周期安全管理和隐私保护。数据生命周期全流程管理包括数据采集、传输、存储、使用展示、开放共享、销毁等环节。区块链隐私计算技术可以应用到全流程各环节当中，包括数据生成及采集合法性验证、数据处理存证和共识、数据使用授权、数据可信流转、数据安全加工和协作以及数据管理审计等，实现全程闭环的安全和隐私服务，操作和处理记录可上链保存、不可被篡改。

二是可以解决数据共享参与者身份及数据可信问题。参与者身份不可靠或者存在主观作恶意图，就可能会在隐私计算过程中合谋推导出其他参与者的隐私数据，或者在计算过程中提供假数据参与计算，造成非预期的计算结果，极大影响数据共享挖掘出的数据价值。应用区块链隐私计算技术，首先可以通过技术手段和共识机制对参与共享计算的数据进行交叉真实性验证，确保数据真实性；其次参与者的行为记录如数据写入、计算结果传递等都可记录在链上，永久存储并不可篡改，提升恶意参与者的作恶成本；最后可以引入数据质量评价体系，结合区块链的可追溯特性，提升参与共享计算的数据质量，实现安全、可信的数据共享计算。

三是可以提升数据共享流通协作效率，降低隐私计算应用成本。一方面，数据持有者可将共享数据目录、数据使用申请、数据使用审批、数据使用审计等功能上链，并结合智能合约技术实现自动化流程，提升数据共享流通的协作效率。另一方面，结合区块链形成的可信协作关系，数据持有者可共建共享可信计算底层平台（如TEE可信节点集群），基于可信应用实现高效率的隐私计算过程，可大幅降低隐私计算的部署和使用成本。

四是可以支撑构建更广泛的可信数据共享网络。结合区块链技术，可使用数据标签、数据指纹等方式先为数据资产生成唯一标识符，然后可在链上与数据持有者身份进行关联，实现数据持有者对数据资产权益的公开确认。然后，基于区块链构建的可信协作关系，各参与方可进一步设计数据共享流转机制、数据价值收益分配机制等，进而搭建出可激励各方积极参与的可信数据共享网络。

第二节  隐私计算应用模式及典型
应用场景

## 一、隐私计算的不同应用模式

隐私计算解决的主要问题，是在多方参与的计算任务中，在保护数据隐私和安全的前提下，完成计算。由于参与的各方会有不同的合作模式，所以相对应地，隐私计算也会有不同的应用模式。概括起来，主要有集中式模式、去中心化模式和联合计算模式三种。

### （一）集中式模式

集中式模式是指多个数据提供方把数据交给一个中心化的计算服务，由这个中心化的计算服务完成计算任务（如图6—8所示）。

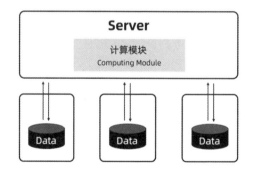

图6—8  集中式模式

集中式模式需要解决的核心问题是数据提供方对中心化计算服

务的信任问题。这里的信任主要是解决两个问题：第一，中心化计算服务无法在计算过程中获取数据所对应个体的隐私信息；第二，中心化计算只能用数据计算数据提供方所授权的计算任务，无法私自将数据用于其他计算任务。

对于第一个问题，在技术上主要是通过两种思路来解决。第一种方法是数据提供方在把数据给到中心化计算方之前，对数据做去标识化处理，使得数据本身就不包含可以链接到对应个体的隐私信息。第二种方法是数据提供方对数据做加密处理，中心化计算方直接基于密文数据进行计算，或者使用加密硬件进行计算，这里常用的技术有同态加密、可信执行环境，等等。

对于第二个问题，一方面是对中心化服务方的执行程序进行授权，由数据方在计算前对执行的代码进行授权签名，除了该程序，其他程序无法读取对应的数据；另一方面是对中心服务方的行为进行审计，中心服务方把所有的操作日志放到区块链上，保证可追查且不可篡改。

集中式模式的优势是数据提供方接入成本小，中心计算服务方可以通过集群化扩展算力，以支持大数据和复杂计算；其劣势是该模式本质是数据出域的模式，由于用户对相关技术缺乏了解，且无相关的参考标准，导致目前该模式在推广中存在很大困难。

**（二）去中心化模式**

去中心化模式是指计算任务由数据提供方自身完成，数据不出域，多个数据提供方根据事先约定好的协议，在计算过程中交互中间信息，以完成整个计算任务（如图6—9所示）。

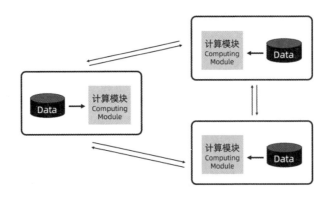

图6—9　去中心化模式

去中心化模式主要需要解决的问题，是保证在计算过程中，参与方之间互相交互的中间信息不会泄露原始数据的隐私。目前，主要通过多方安全计算、同态加密等技术来解决这一问题。

去中心化模式的优势是整个计算过程中原始数据不出域，计算过程的安全性高。其劣势在于由于整个计算是一个跨域的分布式计算任务，所以网络带宽成为瓶颈；同时，为了保证安全性，像多方安全计算、同态加密等技术引入了大量密码学相关的计算，导致计算复杂度变高。所以，目前该模式主要应用于中小规模的数据量和相对简单的计算任务。

### （三）联合计算模式

联合计算模式可以认为是集中式模式和去中心化模式的一个混合体，数据提供方在本地对原始数据进行初步的计算之后，把中间结果放到一个中心化的计算节点上完成后续计算（如图6—10所示）。这样既保证了原始数据不出域，又引入中心化的计算节点协助计算，做到隐私性与计算效率的平衡。目前，像联邦学习等技术采用的是这种模式。

联合计算模式的优势是原始数据不出域，并且计算效率相对去中心化的模式要高，可以支持大数据量和复杂计算。其劣势在于，目前业界没有统一的安全模型对该模式的安全性进行衡量，各家技术厂商提供的方案在安全水位上参差不齐，存在安全隐患。

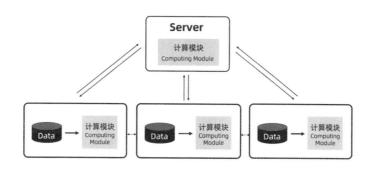

图6—10　联合计算模式

## 二、隐私计算的典型应用场景

### （一）金融领域

金融是行业数据要素密集行业，同时也在多方数据协同、释放数据价值的过程中存在诸多痛点，是隐私计算的最佳切入点。

第一，金融行业存在较多用户交易、财富等高隐私性的数据，对用户金融信息的保护，不管是从国家政策层面，还是从保护用户切身利益的层面，都是至关重要的事情，所以金融领域的数据计算天然就有隐私保护的诉求。

第二，金融领域的数据价值能快速转变成商业价值，如金融信贷风控场景中，风控模型的精准程度直接影响到信贷的成本高低和目标客户群的大小，而风控模型的精准程度直接受数据丰富度的影响。所以，金融领域的数据价值流动有来自商业价值的强大驱动力。

第三，金融行业数据基础设施完善，对数据的采集、处理、存储与计算已经形成成熟的链路，为数据价值流动提供了良好的基础。

中国人民银行科技司司长李伟指出："建立科学高效的数据架构，加强数据分级分类管理，基于多方安全计算、同态加密等技术健全数据交换机制，在不归集、不共享原始数据前提下推动数据要素有序流转与融合应用。"①

### 1. 防范多头借贷场景

互联网金融行业中，多头借贷用户的信贷逾期风险是普通客户的 3~4 倍，贷款申请者每多申请一家机构，违约的概率就上升 20%。如何对贷款申请者的多头借贷风险进行准确评估成为风控行业的重要一环。

多个行业机构可以通过隐私计算共同搭建行业安全数据联盟，让参与方通过查询接口获取风险黑名单、多头贷款、多头逾期、多头查询在内的风控数据，也可以支持多方不输出明细数据即可进行联合安全建模、联合风险预测，形成行业内的联防联控方案，大大降低企业经营风险。秘密分享算法也保证了查询方只能获取联盟内的统计数据，而无法获知任一参与方的明细数据，保证各方自有数据的安全。同时，联盟参与方将每次查询的请求以及原始数据的安全哈希算法指纹存证到区块链，保证查询记录及数据真实可追溯。当用户对数据的正确性有疑问时，联盟参与方可以从区块链上进行数据正确性验证，保证查询过程中各方提供的数据真实可信。区块

---

① 李伟：《数据治理与个人金融信息保护》，《清华金融评论》2021 年 2 月刊。

链技术依托其具有的数据不可篡改、交易可追溯以及时间戳的存在性证明机制，保证了各方数据的真实可信、杜绝用户数据滥用并防止数据破解和泄密，同时也提供了联盟各方的贡献证明，帮助在行业联盟内进行利益分配。

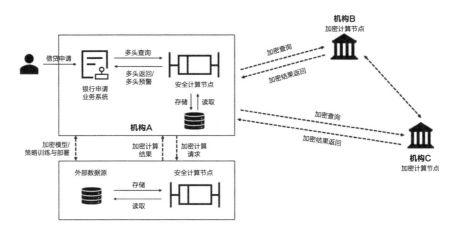

图6—11　隐私计算防范多头借贷示意图

### 2. 提升风险识别能力场景

银行为了提升信贷风险识别能力，可以在自身已有数据的基础上，引入更多的外部数据。在模型定制阶段，银行与数据服务商本地分别部署安全计算节点，双方将样本对接到各自本地的安全计算节点上，银行风控人员进行自主模型训练，评估模型效果。在模型调用阶段，可以根据不同的保密诉求需求（模型参数加密、模型文件加密、模型结果加密）将模型加密部署，保障模型及查询结果安全。在大量落地案例中，融合数据后，定制模型的KS（表征模型风险区分能力，数值越大，风险区分能力越强）普遍提升10%左右。

图6—12　基于隐私计算平台的联合风控示意图

## （二）医疗领域

医疗数据是个人隐私的最后防线，自身具有高价值与隐私性强等特点，隐私保护与充分发挥其巨大的价值是一对始终存在的矛盾。而隐私计算的出现化解了这一矛盾，呈现自上而下、自下而上双向并行的现象，隐私计算在医疗领域的应用前景广阔。

隐私计算在医疗场景中的应用，主要体现在以下几个方面：一是推动智慧医疗的发展，在数据的驱动下，如 AI 诊疗、影像分析、用药管理等场景将取得重大突破，为现有医疗手段提供更为先进的工具；二是助力罕见病症、疑难杂症的突破，通过隐私计算的助力，融合多方数据，使得散落在各家机构的病例可以进行统一的分析、建模，为这些疑难杂症的突破提供数据基础；三是提升患者诊疗效果和体验；四是打通医、药、保险等各个环节，促进行业整体的改革。

目前，国家层面，国家医疗健康大数据首批试点城市厦门构建了基于隐私安全计算技术的"健康医疗数据应用开放平台"，在保证数据隐私的前提下，通过开放平台提高数据使用效率，打破数据孤岛，构建了一个医疗数据应用开放的数据生态。企业层面，隐私计算技术厂商积极对接医疗大数据国家队为合作对象，例如，翼方健数搭建城市医疗信息平台，依托城市医疗数据发展医疗领域隐私计算；铭崴科技瞄准基因数据库，研究隐私计算在基因组数据联合共享和分析过程中的应用。

基于隐私计算的医疗保险理赔是比较典型的案例。随着越来越多的传统医院投入互联网怀抱，移动医疗与保险的结合也展现出广阔的前景。但是，在目前的商业医疗保险理赔过程中，参保人必须带齐所有表单、医疗收据、病历等资料到保险公司提交申请，或者手工拍照后通过保险公司 App 将资料上传给理赔平台并发起理赔申请，整个过程效率低、程序烦琐，需要等待多天才能获得理赔。为了提高用户体验，增加用户黏性，提高患者整体的就医支付能力，不少商业保险公司开始搭建"商保快赔通道"，但是在关键的医疗数据使用上，由于院方出于对医疗数据安全的担忧，不愿意直接把敏感的医疗数据开放给"商保快赔通道"，导致众多"商保快赔通道"在接入医院时难度较大。

隐私计算方案可以有效解决该难题。参与计算的医院和保险公司在各自私域内部署隐私计算节点，进行联合理赔模型和策略训练，验证效果后，将理赔计算逻辑部署在医院域的隐私计算节点上。在患者申请理赔时，医院对理赔申请人的原始就医数据进行理赔计算，输出理赔计算结果（如图 6—13 所示）。该方案可以最大程度地保护医疗数据，同时也降低医院接入的难度。

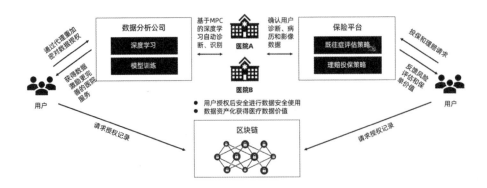

图6—13　基于隐私计算的医疗保险理赔示意图

## （三）政务领域

政务领域也是隐私计算的重要需求方。通过隐私计算，一是可以打通政府各部门的数据，从而为民众提供更为便捷、智能的服务；二是可以融合多方数据到政务场景中，例如，城市大脑的场景，更多的数据为城市的交通、市政设施规划、安全、商业发展等各个方面治理水平的提升提供了强劲的动力；三是可以把政府数据安全地开放给产业，助力产业的发展。

政府可以基于隐私计算，打通各政府机构数据，建设统一政务数据开放平台，提升各政府机构数据协作程度，便利民生。同时，政府还可在严格保证企业和个人隐私和数据安全的基础上，向银行等金融机构合规开放政务数据服务，增强金融机构针对小微企业的风险评估能力。如图6—14所示，金融机构可以借助政府开放的数据服务，自主设计金融产品，自主开发、远程部署相关风控模型和策略，提升业务创新能力与风控能力，助力地方经济发展。通过区块链不可篡改、多方维护、全程留痕、可以追溯、公开透明等特点，在数据使用方使用数据时，进行数据主体（企业或个人）授权确认及存证，并将数据流转链路进行上链存证，便于后续审计，确保数据安全合规应用。

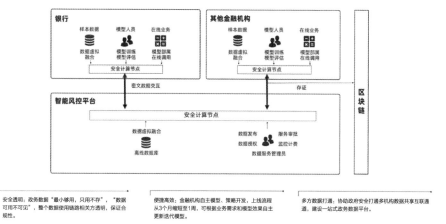

图6—14　基于隐私计算的政务数据服务示意图

隐私计算发展趋势展望与建议

## 一、隐私计算发展趋势展望

隐私计算的未来发展，在技术上，会朝着高效率、标准化、国产化的方向发展。按照市场规律，高效率、节约社会总成本的技术更具有生命力，隐私计算技术的发展也会遵循这一规律。在安全性满足条件的前提下，高效率的技术方案会从众多方案中脱颖而出。随着行业的发展，用户对隐私计算的认识会越来越深入，业界对相关技术的评价和应用场景会逐渐达成共识，技术标准会成为各家技术供应商的统一标尺。隐私计算涉及安全问题，所以国产化也将是重要发展方向。

在隐私计算的商业化应用上，未来会呈现出针对行业的定制化数据流通平台和跨行业数据要素融合并重的局面。目前，隐私计算在金融、医疗等行业的典型场景中的应用已经逐渐发展起来，结合行业解决方案的定制化数据流通平台是隐私计算应用的第一阵营。在相关技术逐步被更广泛的用户认知之后，跨行业的数据要素融合将使隐私计算孕育出新模式。隐私计算也将与区块链更多、更好地进行结合，进一步放大两者的优势，在数据要素安全流通发挥其价值的同时，保证低成本的协作以及可追溯、可审计。

在隐私计算的企业形态上，平台型企业和技术创新型企业将合作、共生。数据资源型企业将向平台型企业发展，更加注重与上游数据源企业的对接，积累高价值数据源合作方，并从数据质量测试等方面入手保障数据可用性。技术创新型企业将深耕某场景解决方案，注重对技术需求方的服务能力的提升，针对个性化、多元化的需求快速私有化部署软硬件，保障各项性能指标满足需求方吞吐量、延时性等实际要求。

### 二、隐私计算面临的挑战

隐私计算具有巨大的发展空间，但当前也面临着不少挑战。

一是技术尚不完全成熟，部分技术难题尚待继续攻克。目前在隐私计算方向上，有多方安全计算、同态加密、差分隐私等多种技术路线，每个技术都各有其优缺点，只能在特定场景下满足应用需求。比如，多方安全计算和联邦学习，由于引入了复杂的密码学计算，计算效率不高，目前难以胜任大规模数据计算和复杂模型场景，性能和成本难题有待继续突破。

二是标准化程度低，不同技术之间的互联互通尚未很好实现。目前业界各家技术公司都有其不同的技术方案选型，各家技术在安全性、功能、效率等方面参差不齐，不利于用户心智的建立和行业的规范化发展。隐私计算技术解决了数据的"互通"，与此同时，不同隐私计算技术之间的"隔阂"却没能弥合起来，实现不同隐私计算技术之间的互联互通，对于行业长期可持续发展、降低行业应用成本将大有裨益。

三是隐私计算的应用仍有较大的法律不确定性。比如，个人信息"去标识化"后参与多方计算，已经可以比较好地保护个人隐私不受侵犯，但目前去标识化的个人信息如果要参与多方计算分享，仍然需要取得用户的"单独同意"，这对数据的开放分享和隐私计算技术的使用都会形成极大的制约。

### 三、促进隐私计算发展和应用的建议

为进一步加快我国隐私计算技术的发展和应用，笔者建议：

一是加强关键技术研发和标准制定，打造自主可控的技术体系。第一，加强以区块链、多方安全计算、同态加密、零知识证明、可信执行环境、差分隐私、可搜索加密等为代表的关键技术研发，鼓励算法和可信硬件的国产化，形成自主可控的技术体系。第二，加快隐私计算相关国内标准制定和宣贯实施，尤其是完善安全标准和安全分级，鼓励和支持基于标准的测评认证，厘清技术安全水位和使用场景，提升机构数据安全和隐私保护能力；同时积极参与国际标准制定，提升我国在隐私计算领域的国际话语权。第三，充分发挥行业协会、教育和科研机构在人才培训和应用中的协调作用，有效连接"政、企、校"三方，推进校企合作，明确人才培养标准和课程，拓宽培养渠道，完善和创新人才培养机制，为推动隐私计算技术发展提供人才支撑。

二是以示范促应用，以应用促发展，推动部分行业的先行先试。支持有条件的地方政府、市场主体先行先试，探索构建适合各行业发展的分布式数据价值分享体系，支持隐私计算技术在政务服务、金融、医疗等数据密集型行业的示范应用，搭建行业可信计算底层

平台，降低隐私计算技术使用门槛。同时，在试点过程中，结合区块链探索数据质量管理、数据权属界定、数据定价方案等数据交易难题的可行解决方案，为未来进一步构建高质量数据要素市场积累经验。

三是完善法律法规保障体系，为隐私计算相关应用预留制度空间。隐私计算技术是目前及未来平衡个人信息保护和数据利用的重要手段，建议在相关法律法规和政策的制定过程中将隐私计算相关内容纳入考虑，鼓励利用隐私计算等创新技术手段保护个人信息和数据安全，实现数据的"可用不可见""可算不可识"，促进我国数据要素的流通和价值利用。

# 第七章

# 数据跨境流动

数字经济时代，数据不仅成为基础性生产要素，更成为一国战略性资产，以及构筑一国核心竞争优势的关键。数字贸易的基础是跨境数据流动及相关服务。当前，世界各国政府均倾向于通过宏观经济政策加强本国数字经济与数字贸易的发展，而与此相关的跨境数据流动政策也成为新一轮国际经贸规则中的前沿议题，以及大国间战略博弈的焦点。本章在梳理美欧等重要国家和地区的数据跨境流动政策和总结全球特征与趋势的基础上，利用 SWOT 分析框架分析了我国数据跨境流动的机会与威胁、优势与劣势，并本着中长期持续改善和短期快速突破的思路提出了相关建议。

 **第一节** **为什么关注数据跨境流动问题**

### 一、大数据环境下，大规模和复杂的数据跨境流动成为常态

近年来，随着互联网、云计算、大数据、人工智能等新一代信息技术的快速发展，以及信息基础设施的大规模普及，全球互联网协议流量及全球数据量呈现指数级增长。麦肯锡全球研究院（MGI）《数据全球化：新时代的全球性流动》报告指出，数据跨境流动规模在 10 年内增长了 45 倍。[①] 数据的全球化属性、资产属性以及流动属性日益增强，跨境数据流动正成为推动新型全球化的重要特征。目前，我们正进入一个被称为"全球化 4.0"、以数字驱动的全球化新时代。互联网的全球扩张及其对数据流日益增长的需求，正在改变传统世界经济和国际贸易的形态，使数字产品和服务成为主要输出品。

### 二、从国家层面来看，数据跨境问题涉及经济发展、产业竞争、权利保护、网络主权、地缘政治等多个重要议题

总体来看，跨境数据流动在促进经济增长、加速创新、推动全

---

① Mckinsey Global Institute. "Digital Globalization：The new era of global flows"，http：//www. mckinsey. com/business-functions/mckinsey-digital/our-insights/Digital-global-ization-The-new-era-of-global-flows.

球化等方面发挥了积极作用，推动数据跨境自由流动能够实现保障用户权利和提升全社会经济总体效用。与此同时，数据跨境活动愈来愈多地与地缘政治、产业竞争、经贸关系、网络主权、权利保护等重要议题联系在一起，已成为当前国家地区间政策博弈最为复杂的领域之一。

第一，数据跨境流动是促进经济增长的重要引擎。数据流动对全球经济增长的贡献，不仅早已超越以商品、服务、资本、贸易、投资为代表的传统形态，而且随着国际日益数字化，跨境数据流动越来越独立地发挥作用，数据全球化正成为推动新一轮全球化的新的增长引擎。根据美国著名智库布鲁金斯学会的相关研究，2009—2018 年的 10 年间，全球数据跨境流动对全球经济增长贡献度高达10.1%，预计 2025 年数据跨境流动对全球经济增长的价值贡献有望突破 11 万亿美元。全球领先的网络解决方案供应商思科公司（Cisco）的数据分析也表明，数据跨境流动可以改善企业流程并产生巨大的经济价值，在 2015—2024 年，跨境流动潜在的最低价值估计为 29.7万亿美元。①

第二，本国产业竞争力不足的国家担心数据外流影响本国数字产业发展机会。数据本身是生产力的资源，越来越多的互联网企业通过对海量、实时、异构的数据资源进行开发利用并取得巨大商业成功。同时，数据是国家重要的战略资源，如何积累数据、精练数

---

① Cisco. "Cross-Border Data Flows, Digital Innovation, and Economic Growth", http://reports. weforum. org/global-information-technology-report-2016/1-2-cross-border-data-flows-digital-innovation-and-economic-growth/.

据以及加工和管控数据，将成为决定国家经济命脉的重要因素。

对于许多数字产业能力不强的国家来说，放任数据不受限制地流向境外，可能损害本国企业开发利用数据资源的发展机会，影响本国数字产业和数字经济竞争力的提升。这也是许多网络用户众多、但本国产业竞争力不足的国家出台数据本地化政策的原因，希冀以此拉动本地数据产业的发展。

第三，数据跨境流动引发数据安全风险担忧。数字经济的快速发展加速了个人数据的全球流通和融合，也使其作为重要的生产要素的价值得以凸显。个人数据的价值和重要性决定了其被觊觎的高概率，全球数据黑色产业链日益成熟，离境数据被恶意利用和买卖的现象频发，个人数据泄露事件不断发生，对个人隐私、财产甚至人身安全造成威胁。与此同时，各国个人数据保护标准不一致，造成数据在全球范围内不受限制地流动缺乏安全可信的环境。保护标准较高的国家质疑其公民个人数据流向保护标准较低的国家将导致数据隐私和安全风险。因此，许多国家的个人数据保护立法开始提出数据跨境流动的限制性规定，如欧盟、新加坡、日本等国提出的"相同保护水平"要求，即个人数据接收国需要达到流出国相同的数据保护水平，以为本国/地区公民个人数据安全提供保障。

第四，数据跨境流动阻碍政府实施执法权。大数据时代，犯罪技术更加具有隐蔽性，"跳板技术"等新兴犯罪手段可以更加容易地掩盖攻击源头。数据跨境使得大量数据流向境外，执法机关提取有价值的证据需要耗费更多的时间和人力资源，高效甄别数据价值的挑战更大。在跨境数据取证的合作过程中，执法活动会受到预防能力或补救权利不足的实际阻碍，使得域外取证处于被动地位。

虽然，在不同司法管辖区域内的执法活动可以通过司法互助双边协议予以实现，但目前实施效果并不理想。为弥补跨国犯罪管辖权不足、提升执法便利性，美国依托其遍布全球的互联网跨国企业实施长臂管辖，而以俄罗斯为代表的国家则提出数据本地化备份等要求，对数据跨境活动实施监管。

第五，数据跨境流动威胁国家主权与安全。大数据时代，国家拥有数据的规模、流动、利用等能力将成为综合国力的重要组成部分。包括个人、企业和国家数据等在内的数据早已不仅是国家"软实力"的体现，更关涉情报、军事、国防等国家安全领域。2013 年"斯诺登事件"推动了各国将数据跨境流动纳入政治议题。各国在新生的网络空间确立边疆、追求权力，信息的流动和分享越来越受到政治性因素的影响，数据跨境流动议题由此与国家主权与安全密切联系。

**三、从企业层面来看，数据跨境问题涉及公司数据价值的发挥、数据相关服务的市场空间及服务成本、多国监管执法的不确定性**

第一，限制数据跨境流动将损害公司聚合数据的价值。数据是网络空间信息内容的基本载体和生产活动的基本材料，互联网的本质就是数据的流动。数字经济时代的全球化贸易也离不开数据的全球畅通。通过互联网消除信息不对称、市场壁垒，发现聚合数据的价值等均离不开数据的流动，可以说数据跨境流动是企业全球化经营的基础条件，也是最大化发挥数据价值的必要途径。

第二，限制数据跨境流动将加重企业成本，同时缩减 ICT 服务提供商的跨境市场空间。限制数据跨境流动可能导致本地企业无法自由地选择最方便的数据处理提供商，数据传输时可能需付出更多的成本，甚至有限的服务访问和更高的数据处理成本。比如，根据思科公司预测，到 2021 年全球云数据中心流量将达到每年 19.5ZB，全球将有 628 个超大规模数据中心。① 基于云计算的跨境数据流动模式弱化了存储地理位置的约束，而由用户根据服务内容、质量、成本等在全球范围内灵活地选择云计算服务商，可以提升用户服务水平和体验，保障用户合理的数字权利。但限制数据跨境流动后，用户的选择空间大大减少。与此同时，对于公有云等 ICT 服务提供商来说，无论是国外的数据出境限制还是本国的数据出境限制，都会使得国外的市场空间被大大压缩，影响服务提供商的国际竞争力和长远发展。

第三，数据管辖权的扩张给跨境服务企业带来"义务冲突"。在创新驱动的数据时代，全球网络安全日益严峻的态势，使得个人信息和重要数据治理紧迫性日益突出，而由于数据位置与数据主体位置之间的物理分离和数据跨越国界的便捷性，为保护有关主体的权益，数据的管辖范围有必要从境内拓展到境外。但目前缺少为各方

---

① Cisco. "Global Cloud Index: Forecast and Methodology, 2016 - 2021 White Paper", https://www.cisco.com/c/en/us/solutions/collateral/service-provider/global-cloud-index-gci/white-paper-c11-738085.html.

普遍接受的数据流通国际规则，部分国家通过"长臂管辖"扩大国内法域外适用的范围，管辖冲突给跨境服务企业带来难以解决的义务冲突问题。

 重要国家和地区的数据跨境
流动政策

### 一、美国："松中有控"，以维护产业竞争优势为主旨，构建数据跨境流动与限制政策

一是主张个人数据跨境自由流动，利用数字产业全球领导优势主导数据流向。美国在信息通信产业和数字经济上具有全球领先优势，这一点是其主导全球跨境数据流向的前提。因此，美国在与各国的新一轮贸易谈判中都主张将"数据跨境自由流动"纳入协议条款，以破除许多国家利用数据跨境流动设置的市场准入壁垒。

二是通过限制重要技术数据出口和特定数据领域的外国投资，遏制战略竞争对手发展，确保美国在科技领域的全球领导地位。自特朗普政府大力推行"美国优先"的贸易保护主义政策以来，美国积极使用这类管制措施作为遏制中国等战略竞争对手的重要手段。例如，2018 年 8 月签署的《美国出口管制改革法案》就特别规定，出口管制不仅限于"硬件"出口，还包括"软件"，如科学技术数据传输到美国境外的服务器或数据出境，必须获得商务部产业与安全局（BIS）出口许可。在外国投资审查方面，改革后的《外国投资风险审查现代化法》（FIRRMA）扩大了"涵盖交易"的范围，将

涉及"关键技术""关键基础设施""关键或敏感数据"的美国企业进行的非控制性投资也纳入其审查范围。

三是针对联邦政府数据制定受控非秘信息（Controlled Unclassified Information，CUI）清单。根据美国总统 2010 年签署的 13556 号行政令要求，为改善美国法律、条例、政府政策文件等规定的政府受管制非秘信息过于分散，无统一要求的现状，由美国档案局牵头，各相关政府部门协同参与梳理、统一美国法律、规定、政府政策规定的受管制非秘数据分类及依据，形成 CUI 清单。① 这类数据可以视为美国政府识别的"重要数据"，采取较为严格的管理措施。

四是通过"长臂管辖"扩大国内法域外适用的范围，以满足新形势下跨境调取数据的执法需要。2018 年，美国议会通过《澄清境外数据的合法使用法案》（Clarifying Lawful Overseas Use of Data Act，简称 CLOUD 法案）结束了"微软 vs FBI"案中关于美国执法机关是否有权获得美国企业存储在境外服务器中的用户数据的争议。通过适用"控制者原则"，该法扩大了美国执法机关调取海外数据的权力。CLOUD 法案抛开了传统的双边或多边司法协助条约，加剧了当前国家间与数据有关的司法主权冲突，其有效落实有赖于美国的国际经济与政治的强势地位以及与相关国家的合作。其他国家要调取存储在美国的数据，则必须通过美国"适格外国政府"（Qualifying

---

① CUI 详细列出了农业、受控技术信息、关键基础设施、应急管理、出口控制、金融、外国政府信息、移民、信息系统漏洞信息、情报、国际协议/协定、执法、司法、北约组织、核、专利、隐私、采购与收购、专有商业信息、安全法案信息、统计、税收和交通共 23 个门类，82 个子类。

Foreign Government）的审查，需满足美国所设定的人权、法治和数据自由流动标准。2019 年 10 月 3 日，美英两国根据美国 CLOUD 法案签署了世界上第一份双边数据共享协议。该协议将允许美英两国的执法机构在适当授权下，直接从其他科技企业中获取有关严重犯罪的电子数据，包括恐怖主义犯罪、儿童性虐待犯罪和网络犯罪等的电子数据。

### 二、欧盟："内松外紧"，建设数字化单一市场以形成合力，以数据保护高标准引导全球重建数据保护规则体系

一是消除欧盟境内数据自由流动障碍，实施欧盟数字化单一市场战略。2015 年 6 月，欧盟提出实施《数字化单一市场战略》，主要目的就是消除成员国间的管制壁垒，将 28 个成员国的市场统一成一个单一化的市场，推动欧盟数字经济发展。为了实现数字化单一市场，欧盟先后通过了《一般数据保护条例》（GDPR）和《非个人数据在欧盟境内自由流动框架条例》。通过 GDPR 在成员国层面的直接适用，消除成员国数据保护规则的差异性，实现个人数据在欧盟范围内的自由流动。《非个人数据在欧盟境内自由流动框架条例》则致力于消除非个人数据在储存和处理方面的地域限制，推动欧盟范围的数据资源自由流动。作为机制保障，欧盟也成立了"数据保护委员会"（European Data Protection Board，EDPB）以及相关协调机制。

二是通过"充分性认定"确定数据跨境自由流动白名单国家，推广欧盟数据保护立法的全球影响力。欧盟对"充分性认定"的考

量因素包括了政治因素、法治因素、数据保护立法与执法情况、签订的国际协议，等等。"充分性认定"规则在一定程度上对其他国家改革个人数据保护法产生了重大影响，提升了欧盟个人数据保护规则对全球的示范效应。目前，欧洲委员会确认的白名单国家和地区共有14个，包括安道尔、阿根廷、加拿大（商业组织）、法罗群岛、根西岛、以色列、马恩岛、泽西岛、新西兰、瑞士、乌拉圭和美国（仅限于《欧美隐私盾牌》协定）、日本、韩国。印度也被考虑纳入谈判议程。GDPR还允许欧盟委员会对第三国或国际组织内的特定地区、一个/多个部门进行充分性认定。这为一个国家内的特定地区或经济部门提供了充分性认定的大门。

值得一提的是，《欧美隐私盾牌》协定被欧盟法院判决无效。2016年2月，欧盟委员会和美国商务部通过了《欧美隐私盾牌》协定，以支持跨大西洋商业目的的个人数据流动。欧盟希望通过《欧美隐私盾牌》协定保护欧盟公民个人数据传输至美国后的基本权利，要求美国企业承担更多义务保护个人数据，并要求美国商务部和联邦贸易委员会承担更多的监督和执法责任。然而，2020年7月，欧盟法院作出判决，认定《欧美隐私盾牌》协定无效。法院认为，美国的数据监视制度不尊重欧盟公民权利，并将美国国家利益置于公民个人利益至上。目前，美国已与欧盟开启新一轮讨论，筹备出台新制度以取代目前的《欧美隐私盾牌》协定。鉴于欧盟法院立场，新协定很可能对相关权利义务规定进行重大调整。

三是在遵守适当保障措施的条件下，提供多样化的个人数据跨境流动方式。在缺乏充分性认定的情况下，欧盟还为企业提供了遵守适当保障措施条件下的数据跨境转移机制，包括公共当局或机构间的具有法律约束力和执行力的文件、约束性公司规则（BCRs）、标准数据保护条款（欧盟委员会批准/成员国监管机构批准欧盟委员会承认）、批准的行为准则、批准的认证机制等。这些机制为在欧盟收集处理个人数据的企业提供了可选择的数据跨境流动机制。

四是积极推进犯罪数据的境外调取。2018 年 4 月，欧盟委员会提出了《电子证据跨境调取提案》。与美国的 CLOUD 法案类似，欧盟将不以数据存储位置作为确定管辖权的决定因素，只要同时满足以下条件，欧盟成员国的执法或司法当局可直接向为欧盟境内提供服务的服务提供商要求提交电子证据：（1）被要求提交的数据为刑事诉讼所需；（2）被要求提交的数据与服务提供商在欧盟境内提供的服务有关。

### 三、日本："全面对接"，加强与美欧两大跨境数据流动监管框架对接，数据跨境流动政策灵活有弹性

一是国内立法上采取更为弹性化的政策。日本在跨境数据流动方面，限制性条件相对较少，只对涉及国家安全的敏感或关键数据进行监管；在数据本地化方面，日本政府要求涉及国家安全的数据必须实现本地化储存，但对其他数据不做格外限制；在数据隐私保护方面，2017 年日本设立了"个人信息保护委员会"（PIPC）作为独立的第三方监管机构，制定向境外传输数据的规则和指南。根据

日本修订后的《个人信息保护法》，向境外转移个人数据的合法方法包括：（1）事先征得个人同意；（2）转移目的国是白名单国家；（3）接受数据的海外企业是被认证企业。

二是积极参与多边和双边数据跨境协定谈判，推动数据跨境自由流动规则的构建。第一，日本积极跟随美国数据跨境自由流动的政策主张，积极参与以美国为主导的跨太平洋伙伴关系协定（TPP）和亚太经合组织（APEC）的跨境隐私保护规则（Cross-Border Privacy Rules，CBPR）体系，并且在美国退出 TPP 后成为主导"全面且先进的跨太平洋伙伴关系协定"（CPTPP）的主要成员国。同时，日本作为 CBPR 体系的成员国，通过建立认证制度，为企业遵循 CBPR 规则实施跨境数据传输提供保障。第二，日本又积极对接欧盟的数据保护规则，制定补充规则（Supplementary Rules）以弥合欧盟和日本在数据保护规则上的差异，对敏感数据、数据主体权利和继续转移源自欧盟的个人数据加强保护。2019 年 1 月 23 日，欧盟通过了对日本的数据保护充分性认定，实现了日欧之间双向互认。

**四、新加坡："离岸经济"，以建设亚太地区数据中心为导向，积极参与数据跨境流动合作机制**

一是主张高水平的数据保护和数据自由流动相结合，吸引跨国企业设立数据中心。新加坡是亚太地区第四大互联网数据中心，仅次于日本、中国和印度。通过"智慧国家（Smart Nation）"战略，新加坡实现了信息基础设施现代化，推动了电信业与数据中心的投资。新加坡既是全球金融中心，从地理上又是大企业进入东南亚新兴市场的入口，这也是推动新加坡以建设亚太地区数据中心为战略目标的重要因素。在亚洲云计算协会（ACCA）发布的"2020年云就绪指数（CRI）"中，新加坡位列第二位。其在宽带质量、网络安全、隐私保护、数据中心风险、知识产权保护等细分领域都排名第一位，显示了在基础设施和监管方面的优势地位。新加坡建立了类似欧盟的数据跨境传输要求，禁止向数据保护水平低于新加坡的国家或地区转移数据，但在特殊情况下，企业可以申请获得个人数据保护委员会的豁免；此外，立法还提供了"数据跨境传输合同条款"作为补充。这些弹性化的机制使新加坡成为跨国企业设立亚太区域数据中心的优先考虑之地。

二是积极加入CBPR体系，寻求区域内数据自由流动。2018年2月，新加坡加入了亚太经合组织（APEC）主导的CBPR体系。根据CBPR的文件，加入CBPR体系要求评估成员国当前的隐私保护法、隐私保护执法机构、隐私信任认证机构、隐私法与APEC隐私框架的一致性。新加坡个人资料保护委员会发开了一项与CBPR对接的认证机制。获得这一认证，在新加坡经营业务的企业即可以与CBPR体系成员国的认证企业自由传输数据。

### 五、印度："经济优先"，并在促进本国数字经济发展和融入全球化之间寻求中间路线

一是数据本地化政策以促进本国数字经济发展为前提。印度实施数据本地化的目的主要是为了促进本国的数据经济发展，通过落

实数据本地化，进而实现数据价值的本地化。2018 年 8 月，印度发布了《印度电子商务：国家政策框架草案》（Electronic Commerce in India：Draft National Policy Framework）。该草案明确印度将逐步采取措施，推进数据本地化存储，如建立数据中心、使用境内服务器等。总体来看，印度并不想实施严格的"数据保护主义"，但又不能放任数据的自由流动，因此其数据本地化策略一方面想要融入数据全球化的趋势，另一方面又想要刺激印度数字经济的发展。《印度电子商务：国家政策框架草案》列出了一系列数据本地化的豁免情形，比如对初创公司的数据传输、跨国企业内部的数据传输、基于合同进行的数据传输等并不加以限制。

二是对于金融数据，强制要求不得离境，以促进印度银行金融业发展。印度中央银行要求 2018 年 10 月 15 日之前，所有在印度的支付企业都要将数据强制性存储在印度本地，不得离境。对此，欧盟和美国政府以及在印度的欧美企业都提出了大量的反对意见，但是印度仍强势推进了支付数据的本地化规定。有研究认为，印度在此领域强制实施本地化与其银行渗透率低下有密切关系。

三是对于个人数据实施分级分类，实施不同的数据本地化要求。在《个人数据保护法草案 2019》中，印度将个人数据分为三种类型，一般个人数据、敏感个人数据和关键个人数据。① 针对三种数据类型，实施不同的数据本地化和跨境流动限制：对于一般个人数据

---

① 个人敏感数据将包括密码、财务数据、健康数据、官方标识符、性生活、性取向、生物识别和遗传数据，以及揭示跨性别状态、双性人身份、种姓、部落、宗教或政治信仰或个人隶属关系的数据。印度中央政府将根据战略利益和执法要求确定哪些个人敏感数据应当被认定为关键个人数据。

和敏感个人数据，草案要求这两类数据应当在印度境内存储副本，可以跨境流动，对一般个人数据还进行清单化的豁免限制；对于关键个人数据，要求仅能存储在印度境内的服务器/数据中心，绝对禁止离境。

## 六、俄罗斯："首次本地"，首次存储本地化要求刺激大数据市场，同时强化执法能力

一是数据本地化政策主要基于执法动机和经济动机。俄罗斯《关于信息、信息技术和信息保护法》《俄罗斯联邦个人数据法》要求个人数据首次存储必须在俄罗斯境内的服务器上，要求信息拥有者、信息运营者应当在俄罗斯建立数据中心，但并不限制数据出境。数据本地化法律的实施使俄罗斯快速发展起了大数据市场，并推动跨国企业兴建大量数据中心。在执法层面，俄罗斯也希望通过数据本地化存储加强政府执法权和对数据的控制力，这一点也在其反恐法修正案"Yarovaya's Law"上得以体现。该法要求在互联网上传播信息的组织者保留俄罗斯用户的互联网通信数据、用户本身的数据和某些用户活动的数据，在俄罗斯境内留存数据6个月，并应要求向俄罗斯当局披露。

二是划定数据自由流动范围，允许自由流向"108号公约"缔约国和白名单国家。俄罗斯是"108号公约"（《关于个人数据自动处理方面保护个人公约》）的缔约国，并于2018年10月签署了欧洲委员会对"108号公约"修订后的议定书。108号公约共有53个缔约国，俄罗斯《联邦数据保护法》承认加入"108号公约"的国家

为个人数据提供了充分的保护。此外，俄罗斯监管机构 Roskomnad-zor 也确立了达到数据保护充分性水平的国家白名单，目前共有 22 个国家被列入白名单国家。①

---

① 截至 2021 年 5 月 16 日，共有 23 个国家被俄罗斯列入白名单国家，包括了安哥拉、阿根廷、澳大利亚、贝宁、加拿大、佛得角、智利、哥斯达黎加、加蓬、以色列、哈萨克斯坦、马来西亚、马里、墨西哥、蒙古、摩洛哥、新西兰、秘鲁、卡塔尔、新加坡、南非共和国、韩国和突尼斯。

 **全球跨境数据流动政策特征与趋势**

## 一、从数据跨境政策选择来看，本国数字经济产业竞争实力对政策选择有着直接影响，另外地缘政治因素的影响将进一步加大

首先，各国对数据跨境流动政策路径的选择极大地受制于本国产业能力和经济发展现状是否能够控制数据流向。基于不同的产业能力，目前各国政府在数据跨境流动策略选择上可以分为三种类型，包括以美国为代表的主张自由流动的进取型策略、以欧盟为代表的规制型策略和以印度为代表的出境限制策略。① 从产业能力的角度来说，我国数字经济发展仅次于美国，领先于欧洲和其他国家，但是我国在此前的数据跨境流动政策上总体趋向保守，与我国目前位居第二的数字经济产业能力并不完全相符。

其次，中美科技冷战背景下，地缘政治因素对数据跨境流动政策的影响将进一步加大，以"国家安全"关切为核心的"重要敏感数据"将成为跨境流动限制重心。随着中美在高科技领域的竞争有演化为科技冷战的趋势，以"国家安全"关切为核心的"重要敏感

---

① 为对世界各国数字服务贸易的限制性政策进行评估，并量化其影响，OECD 开发了数字服务贸易限制性指数（Digital Services Trade Restrictiveness Index），对涵盖全球 40 个主要经济体的数字服务贸易及其跨境数据流动政策进行评估。评估数据显示，中国、印度尼西亚、南非共和国、巴西、印度、俄罗斯等非 OECD 国家限制指数偏高，而瑞士、澳大利亚、美国、挪威等 OECD 国家限制指数较低。

数据"也成为跨境流动限制重心。特朗普上台后,美国在前沿和基础技术领域对我国实施管控,限制大量技术数据和敏感个人数据的跨境转移,并通过"长臂管辖"和强大的情报和执法能力加以落实。与此同时,美国在此领域的强势主张势必影响其战略盟友对中国的技术转移和数据跨境流动策略,强化了以国家安全为主要考量的数据跨境流动政策的价值取向,这将进一步破坏既有的商业和贸易规则,阻碍数字贸易的全球化发展。

## 二、从数据跨境监管机制来看,分类分级监管、多种监管机制并行是主流做法

虽然各国在数据本地化要求程度、重点管制的数据类型、具体的数据跨境流动机制方面存在差异,但区分数据类型,分类分级管控,并灵活适用多种监管机制,是比较共性的做法。

首先,不同类型的数据价值、承载的利益以及所面临的风险有所不同,所以需要根据数据类型分类分级管控。各国整体信息技术发展阶段、行业发展、企业商业模式、区域国情和历史发展等综合国情各不相同,虽然出于隐私保护、经济发展、国家安全、数据主权等诸多相同因素的考量,各国设置了不同的本地化和跨境流动规则,但尚没有一个国家是对所有类型的数据跨境流动加以限制,而是根据数据的类型不同,考量敏感阈值等因素,加以区分管控。比如,个人数据和重要敏感数据跨境流动规制就采取不同的监管机制。个人数据跨境流动监管主旨以个人信息安全保护为出发点,主要以企业自律为基础,政府在认证第三方认证机构、制定数据出境合同

范本等方面施加监管。对于重要敏感数据，采取一般性禁止，分级分类审查出境的监管模式。

其次，在数据跨境流动机制上，不"一刀切"，而是一方面设置了通用的数据跨境流动机制，另一方面结合各行业和领域的特殊性制定替代措施。比如，欧盟 GDPR 在充分性决定机制的基础上，又设计了包括标准合同条款、约束性公司规则（BCRs）、行业准则机制、认证机制等多种替代措施。此外，还规定了数据主体同意、企业追求的合法利益、为履行合同义务所必须等多种例外情形。此类规定也被巴西、印度等国所效仿。美国方面则通过国内立法、外资审查机制、合同以及国际双边或多边协议，积极构建符合国家利益的数据本地化与跨境流动规则体系。

### 三、从跨境数据监管权来看，大国扩张性的数据主权战略将加剧管辖权冲突，并给跨境服务企业带来"义务冲突"难题

随着数据成为国家重要战略资源，对数据的积累、加工和治理成为决定国家经济命脉的重要因素。对数据资源的渴求反映在主要国家扩张性的数据主权战略之中，在立法层面体现为管辖权的扩张。

美国、欧盟的数据主权战略以"攻"为主，通过"长臂管辖"扩张其跨境数据执法权。比如，美国《澄清域外合法使用数据法案》赋予美国执法机关对美国企业"控制"的数据，不论其在美国还是在境外都享有主权，同时对美国人的数据以及在美国境内的个人数据，外国政府必须经过美国国内司法程序。这种"长臂管辖"，使美国的数据主权扩展至美国企业所在的全球市场。欧盟的 GDPR 也同

样适用于所有针对欧盟用户提供产品和服务的企业，不管该企业是否位于欧盟境内。① 美欧的"长臂管辖"无疑将加大美国与数据存储地国家的主权冲突。

相对来说，中国、俄罗斯等国的数据主权战略以"守"为主，通过数据本地化解决法律适用和本地执法问题。此外，传统国家间的司法协助条约（MLAT）进展缓慢，也间接鼓励着各国政府更愿意选择数据本地化政策，数据存储在本地至少有执法便利，在法律适用上本身也是一个强有力的抗辩。

互联网是全球性的，然而立法与监管却是本地的。长期以来，互联网的管辖适用问题一直未得到解决。当前，数据主权扩张，导致各国法律适用连接点增多，管辖冲突给跨境服务企业带来难以解决的义务冲突问题。

**四、从数据跨境国际合作来看，大国战略互信成为跨境数据流动的双边/多边合作体系建立的基础**

首先，数据跨境流动的双边谈判是目前确保电子商务和数字贸易正常开展的主要选择。双边谈判主要分为两种形式：第一，国家/地区的监管机构间达成数据保护充分性认定。这种形式以欧盟数据保护"充分性"认定（白名单国家）最为典型。随着 GDPR 的实施，越来越多的国家通过制定或修订个人数据保护法，对接欧盟规

---

① 2019 年 9 月 24 日，欧盟最高法院裁定，谷歌不必将欧盟的"被遗忘权"规则扩展到欧洲以外的搜索引擎。谷歌在这一案件中的胜诉澄清一个基本问题，即"被遗忘权"等数据主体权利仍然是有边界的，权利实现依然依赖于主权范围提供的司法保障，GDPR 的域外效力在短时期内不太可能有所扩张。

则，试图与欧盟开展充分性认定谈判，以进入欧盟市场。第二，在双边经贸协定的电子商务部分加入"数据自由流动"或"禁止数据本地化"等条款。① 比如，新加坡与 32 个贸易伙伴签署了 21 个"自由贸易协定"，上述协定以不同方式处理数据保护问题。

其次，有约束力的数据跨境流动多边协议较难达成一致，以 CBPR 为代表的弹性化的多边隐私与数据保护监管合作模式可能成为主流。APEC 隐私框架是亚太地区第一个数据保护协同框架，并建立了一整套的落实措施，2011 年建立的跨境隐私保护规则体系（CBPR 体系）是当前多边监管合作中较为成熟的机制。目前共有 9 个国家/地区参与了 CBPR 体系，包括美国、墨西哥、加拿大、日本、韩国、新加坡、澳大利亚、菲律宾和中国台湾。虽然 CBPR 体系具体实施效果还有待观察，但是据澳大利亚信息完整性解决方案公司 IIS 的研究显示，加入 CBPR 体系有助于企业向欧盟成员国数据保护监管机构申请约束性公司规则（BCRs）等数据跨境认证，同时日本也将企业获得 CBPR 的认证认为采用了"适当与合理的方式"处理数据。

总体来看，当前数据跨境流动的朋友圈主要围绕美欧日等西方国家来划定（如图 7—1 所示），大国战略互信，是数据跨境流动有序实现的必要前提。缺乏信任的大国，会倾向于在网络空间采取限制性的行动，对数据流动形成事实上的壁垒，而且会出现竞争性的

---

① 据世界贸易研究所一项关于"双边贸易协定中的数据相关条款"的研究显示，自 2000 年起，全球共有 99 项双边经贸协议中包含了至少一条电子商务和数据跨境流动的条款，其中有 72 项双边协议包含了电子商务和数据跨境流动的章节，美国、新加坡、澳大利亚、加拿大和欧盟是主要的规则制定者。

壁垒升级与政策复制。由于涉及国家安全、产业竞争力等复杂因素，数据跨境流动信任大多建立在长期的政治盟友、经贸伙伴以及具有相同价值目标的基础上。

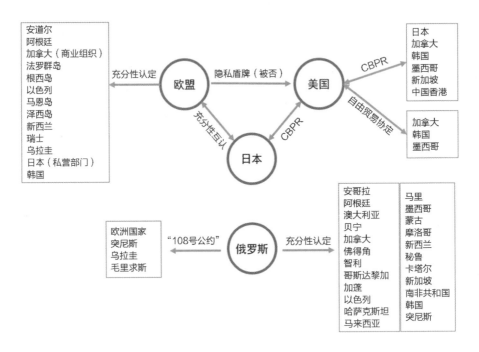

图7—1  美国、欧盟、俄罗斯的数据跨境流动合作

 **我国数据跨境流动管理现状及**
**完善空间**

### 一、我国数据跨境流动管理政策现状

一是国家加快立法构建个人信息和重要数据的出境管理框架。
《中华人民共和国网络安全法》第 37 条就关键信息基础设施数据出
境提出了安全评估要求，对安全评估的责任主体、管理对象、管理
要求等内容进行了限定，从而确立了我国数据出境安全管理框架。
为了落实《中华人民共和国网络安全法》第 37 条规定，国家网信办
2018 年公布了《个人信息和重要数据出境安全评估办法（征求意见
稿）》，提出了建立"主管部门评估—网络运营者自评估"两级评估
体系，扩大数据出境评估范围，加强数据出境安全风险管理。同时，
以对国家安全、社会公共利益和公民个人权益危害程度为判定原则，
按照国家行业和信息主题分类，拟定"重要数据"判定指南，通过
《数据出境安全评估指南（征求意见稿）》，细化安全评估启动条件、
实施流程、审查内容、结果判定等配套规范要求。《中华人民共和国
数据安全法》也对数据跨境相关问题进行了规定和明确：其一是在
总则部分明确提出，"国家积极开展数据领域国际交流与合作，参与
数据安全相关国际规则和标准的制定，促进数据跨境安全、自由流
动"；其二是为应对境外司法/执法机构对境内数据的"长臂管辖"，

明确要求"非经中华人民共和国主管机关批准，不得提供"；其三是争取一定的域外执法权，明确"在中华人民共和国境外开展数据处理活动，损害中华人民共和国国家安全、公共利益或者公民、组织合法权益的，依法追究法律责任"。

二是重要行业率先开展数据出境管理实践，但总体倾向于"本地化"。前期的行业管理实践主要集中于关键信息基础设施所处的重要行业领域、信息通信服务领域，主要规定了数据存储是否必须在境内、数据留存时间的最短时限以及对数据出境的禁止性规定。总体来看，我国对数据的存储和处理，有较强的"本地化"倾向，数据离境难度较大。比如，在金融行业方面，中国人民银行发布《关于银行业金融机构做好个人金融信息保护工作的通知》，明确规定"在中国境内收集的个人金融信息的存储、处理和分析应当在中国境内进行。除法律法规及中国人民银行另有规定外，银行业金融机构不得向境外提供境内个人金融信息"。① 近期，汽车数据安全成为新的热点，《汽车数据安全管理若干规定（征求意见稿）》要求汽车数据本地存储，特斯拉也宣布已经在中国建立数据中心，以实现数据存储本地化，并将陆续增加更多本地数据中心，所有在中国大陆市

---

① 在信息通信服务领域中的网约车行业，交通运输部、工信部等 7 部委共同颁布《网络预约出租汽车经营服务管理暂行办法》，规定"网约车平台公司应当遵守国家网络和信息安全有关规定，所采集的个人信息和生成的业务数据，应当在中国内地存储和使用，保存期限不少于 2 年，除法律法规另有规定外，上述信息和数据不得外流"。《人口健康信息管理办法（试行）》禁止在境外存储人口健康信息；《保险公司开业验收指引》要求保险公司业务数据、财务数据等重要数据应存放在中国境内；《征信管理条例》规定征信机构对在中国境内采集的信息的整理、保存和加工，应当在中国境内进行。此外，《地图管理条例》《网络出版服务管理规定》等都提出了不同程度的数据本地化要求。

场销售车辆所产生的数据，都将存储在境内。

## 二、我国数据跨境流动环境和能力 SWOT 分析

制定数据跨境流动政策是一项需要综合考虑各种因素的复杂决策。SWOT 方法可以用来分析探讨我国在数据跨境流动中面临的优势与劣势、机遇与威胁。

优势方面，首先，我国数字经济全球竞争力持续提升，大量企业的全球化拓展步伐在加速，部分头部企业积极提升数据安全管理能力，推动建立行业和国际标准。比如，阿里巴巴牵头制定了 ITU-T、ISO 的相关国际标准，将中国数据安全技术和管理经验推广至全球。阿里云还与甲骨文公司（Oracle）、英特尔（IBM）、思爱普（SAP）和赛富时（Salesforce）等国际科技企业合作，参与制定欧洲云计算服务商行为准则（Code of Conduct for Cloud Service Providers），并有望得到欧盟数据保护监管部门的认证。目前，我国高科技行业正处于向产业价值链中的高端攀升的关键期。中国数字经济全球竞争力的提升和高科技企业加速全球化布局，伴随而来的是中国企业对全球数据控制力的提升，吸引全球数据向中国汇聚。互联网头部企业的数据安全管理能力向世界先进水平看齐，不仅提升了自身在跨国经营活动中的合规能力和竞争力，也将拓展我国数据跨境流动合作的空间，增强其他国家开放数据流入我国的信任和信心。

其次，随着《中华人民共和国网络安全法》《中华人民共和国数据安全法》《信息安全技术 信息系统安全等级保护基本要求》《信息安全技术 个人信息安全规范》等法律和标准的实施，而且

《中华人民共和国个人信息保护法》即将正式出台，我国个人信息保护法律制度有望在近期得以完善。在监管层面，国家网信办、公安部、工信部、市场监管总局等监管部门也针对互联网服务实施了包括隐私政策评审、对不当数据处理行为进行约谈、对侵犯公民个人信息违法犯罪活动实施专项整治，落实信息安全等级保护制度等措施。制度与监管体系的完善，有助于我国塑造良好的数据保护的国家形象，为我国开展数据跨境流动的国际合作奠定基础。

劣势方面，首先，数据跨境流动管理的制度尚不完善，我国参与国际数据跨境流动合作机制仍然不足。我国数字经济全球竞争力已位居世界第二位，但与数字经济发展水平相比，我国在数据跨境流动的国际合作方面仍处于起步阶段，还没有参与任何一个实质性的数据跨境流动的国际合作机制。"数据本地化"政策难以支持WTO声明中"谋求禁止数据本地化"的主张和立场，也导致目前难以参与发达国家主导的双边/多边合作框架，如欧盟主导的GDPR、美国主导的APEC的CBPR，以及强调跨境数据自由流动的新一轮贸易协定，如CPTPP、USMCA等。

其次，全社会数据保护意识和数据治理能力总体上还不够高。违规收集用户数据、缺乏必要的数据安全防护措施、滥用甚至贩卖用户数据、大规模数据泄露等严重侵犯用户隐私和数据权利的事件，屡见不鲜。有些组织缺乏基本的数据保护意识，也缺乏专业的数据管理人才；有些组织对数据安全有了初步的认识，但还缺乏良好的数据治理能力，无法将其转化为竞争优势；有些企业认识到了数据资源的财产价值，却滥用技术能力，为了获得商业利益而侵犯用户隐私。全社会数据保护意识和数据治理能力不均衡，影响了我国整体数据保护能力的提升。

机遇方面，首先，美国经济政策转向为中国参与构建数字经济贸易规则提供机遇窗口。特朗普上任后推出的"全球收缩"经贸保护政策和"美国优先"国内经济政策对全球经济秩序产生重大影响。美国政府退出了TPP等贸易谈判，放弃既有的多边贸易机制，试图逆转经济全球化。美国退出TPP和全球战略收缩将可能为中国的"一带一路"倡议腾出空间，美国退出后在某些领域形成力量真空，成为中国参与构建数字经济贸易规则的机遇窗口。

其次，新一轮技术变革改变数据流动逻辑也将为我国提升全球产业价值链中的地位提供机遇。物联网、边缘计算等技术的出现，促使企业将重要IT资源转移到现场应用端以及数据源的网络边缘，冲击原有的后端数据中心汇集计算模式。这类新技术引发业务模式的变化，将深刻改变数据流动的底层逻辑，影响数据在全球的流动和分布。另外，数据的开放、流动和共享将颠覆传统工业时代的商业形态和产业边界，推动大规模跨产业协作和创新，衍生出包括平台经济、共享经济等经济新模式。我国在5G、物联网、大数据、云计算、人工智能等领域积累了良好的创新能力和技术优势，有机会通过创新实现跃升迭代，提升我国在全球产业价值链中的地位。

威胁方面，各国围绕数据主权的战略博弈呈现泛化趋势，我国的数据跨境流动需求面临较大阻碍。当前，数据全球化趋势不可避免地引发了诸多国家对数据主权（Data Sovereignty）的担忧，尤其是在"2013年棱镜门"和"2015年美欧安全港废止"等重大事件的触发下，越来越多的国家对数据跨境流动采取规制措施。而相对于领土、人口等其他类型的国家主权管辖对象，数据主权的实现又具有复杂性。近年来，金砖国家等新兴大国群体性崛起势头明显，美国、西欧国家在全球"大蛋糕"中所占的份额相对缩小，且社会内部矛盾趋于复杂。同时，以我国为代表的新兴大国的科技水平也在急追猛赶，使西方发达国家担心无法安居于价值链高端获得超额利润。这种战略焦虑的结果是美国加强了新兴技术出口管制和外国投资审查。美国在对我国出口上奉行"推定否定"政策，即原则上不允许出口，并将众多中国公司列入出口管制实体清单，这将阻碍我国通过正常经贸活动获得有价值的技术数据。

对于我国数据跨境流动管理的建议

对比世界各国对于数据跨境流动规则的态度可以看出，一国的数字经济产业越发达，越有动力开拓海外市场，对于数据跨境流动的态度就会越开放。然而，我国目前的数据跨境流动规则整体上趋于保守，本地化限制较多。此种制度设计可能招致其他国家的对等待遇，使我国企业在进军海外市场时遭遇数据流动的壁垒。与此同时，数据跨境流动不仅仅是经济问题，还涉及国家安全、权利保护等政治、社会多个层面的多方考虑，所以，对于数据跨境流动相关方案的完善，我们需要坚持系统观念，尽可能思考系统性的解决方案。

### 一、多方协同共治，打造全球数据安全流动高地，让数据"放心进来"

构建我国数据安全治理体系，打造全球数据安全高地，离不开政府、行业、企业的优势互补、协同共治。

一是企业层面，企业应加强数据安全意识和能力教育，提升数据安全能力，让数据安全成为企业的核心竞争力。我国互联网头部企业在企业自律和数据安全管理能力建设方面，应积极树立行业标杆。

二是行业层面，应当深度结合行业特点，研究建立各行业数据安全相关指南、标准，鼓励行业自律，推动行业性数据安全测评、监测预警、教育培训，积极提炼和推广行业最佳实践和经验。

三是政府层面，进一步完善相关监管规则，同时，加强不同监管机构间的统筹协调、监管材料的互通互认。特别地，建议依托大型成熟跨境企业，共同研究行业级的跨境数据流动安全管理规范，在电子商务、金融、航空、云服务等领域率先推动行业跨境数据流动标准的出台，以此来带动整个行业的数据保护和数据流动，并积极推动我国的行业标准成为国际或区域性的标准

## 二、加强公私合作，构建国家保障数据跨境流动安全的能力体系，让数据"放心出去"

数据跨境流动带来的国家安全威胁主要源自数据传输至境外以后的各种不可控风险。构建国家保障数据跨境流动安全能力体系，是让数据"放心出去"的重要保障。政府部门可以联合实施跨境业务的企业，通过公私合作，加强对数据跨境活动中的安全防护及感知、检测、溯源能力。

一是加强数据泄露威胁情报共享与溯源能力，打造龙头企业、安全机构与政府机构之间的快速生态协同系统，通过产品、服务、生态协同系统共享各种数据泄露的威胁情报，加强数据安全事件的快速和响应的能力，并追踪溯源恶意行为，快速定位威胁来源。

二是积极拥抱创新技术。数据跨境流动包含数据泄露、个人隐私风险、数据滥用等一系列安全风险，需要多方合作积极研发和

应用创新技术如多方安全计算等大量新技术来降低数据安全的威胁。

三是加强政府反制和威慑能力。对国家安全构成重大威胁的数据泄露事件，综合利用外交、信息、军事、经济、情报以及执法等力量，对其进行威慑和打击，惩罚恶意网络行为者。

### 三、提升对外合作，积极推进双边、多边的数据跨境流动谈判

充分利用"一带一路"建设等契机，在完善国内规则的基础上，由国家网信部门负责牵头，统筹外交部、商务部等相关部门以及主要龙头科技企业，搭建跨境数据流动对外合作工作推进机制。

一是以 RCEP 为契机，推动与东盟国家的数据自由流动朋友圈建设。RCEP 将支持数据跨境流通写进了条款中，是我国数据跨境流通国际合作的重大进展，但目前条款的前提是不影响缔约国合法公共政策目标或基本安全利益，而且柬埔寨、老挝、缅甸、越南等多个国家被排除在外，所以条款的实际约束力可能有限。建议在梳理总结我国典型的出境商贸企业和跨国公司个人数据出境现实场景和主要目的地的基础上，就数据跨境流动内容有针对性地深化与部分国家的合作。

二是加入 APEC 下的 CBPRs，并建立与 CBPR 对接的企业认证机制。企业在获得这一认证后，即可以与 CBPRs 成员国的认证企业自由传输数据。CBPRs 虽然由美国主导，但是其遵循的 APEC 隐私框架要求不高，与我国数据保护要求较为契合，并且其制定的数据流动规则较为弹性，APEC 多数成员国大都有意向加入其中。参与 CB-

PR 有助于减轻我国企业在实施跨境业务时个人数据跨境流动的合规负担。

## 四、解决管辖冲突，积极建立国际执法协作条件和框架

当前，我国应对管辖冲突的策略仍以防守为主。《中华人民共和国网络安全法》第 37 条和《中华人民共和国国际刑事司法协助法》明确阻断直接来自外国政府对境内的机构、组织和个人控制的数据的刑事司法管辖权。[①]《中华人民共和国数据安全法》第 35 条规定，在向境外司法或者执法机构提供境内数据之前，须获得主管部门批准。与此同时，依据《中华人民共和国数据安全法》第 2 条，我国将对损害中华人民共和国国家安全、公共利益或者公民、组织合法权益的境外数据处理活动主张管辖权。这种完全限制执法数据出境，又主张境外数据刑事司法管辖权，可能难以实现。

可能的解决方案是，一方面将境外主体在境外运营但存储在境内的数据排除在法律适用范围，避免不必要的管辖冲突，另一方面尽快将《中华人民共和国数据安全法》中提出的"中华人民共和国缔结或者参加的国际条约、协定有规定的，可以按照其规定执行"落实到位，积极与各国建立双边—多边的数据执法调取协议，构建符合国家利益和中国企业全球化战略的执法数据调取方案。

---

① "非经中华人民共和国主管机关同意，中华人民共和国境内的机构、组织和个人不得向外国提供证据材料和法律规定的协助。"

**五、短期快速突破，利用地区政策优势进行制度创新，在确保可监管的前提下探索建设全球数据自由港**

除了前述的中长期政策，建议同时考虑短期可突破、落地更容易、更快的中短期举措。建议利用特定区域，如北京自贸试验区、上海自贸区、海南自贸港、深圳中国特色社会主义先行示范区、粤港澳大湾区等的制度灵活性优势，在数据跨境流动规则上先行先试，借鉴"沙箱"式的监管模式，探索建立数据自由港。借鉴保税区"境内关外"的制度设计，研究出台相关政策法规，对于进入数据自由港辖区内的个人数据，在保护、处理、共享和传输等方面适用基于多边或双边谈判确定的国际规则，并暂停适用国内法中的相关规定，从而在制度层面确保进港数据的安全和自由流动，以便国内企业在海外业务中形成的数据快速回流，也为数据自由港与更多国家或地区之间建立数据跨境流动通道创造条件。

# 第八章

# 数字税改革

　　数字税改革无疑是当今全球数字经济发展过程中的一个热点话题与难点问题。从概念上讲，数字税改革包括国内与国际两个维度的改革。国内的数字税改革，主要是通过对现行税制的改进来回应数字经济发展带来的影响，对与数字经济相关的所得税、增值税制度和税收征管法予以完善和优化。国际的数字税改革，则不局限于既有的税制框架，更多的是基于数字经济的特点，对相关课税要素进行独立的制度设计，借助二十国集团（G20）、经济合作与发展组织（OECD）来确立一项全球性改革框架，在全球范围内共同实施新的数字税改革。① 尽管这类改革更强调国际协调、突出国际税收公法制定的价值引领，但改革方案的最终落地仍需国内调整相关税收制度。

---

　　① 张守文：《数字税立法：原理依据与价值引领》，《税务研究》2021 年第 1 期；《专访周小川：数字税解决什么问题？如何设计？》，财新网，2021 年 4 月 17 日。

囿于篇幅，加上全球数字税改革可能带来的重大变革，本章聚焦讨论国际层面的数字税改革。通过介绍国际的数字税改革背景，勾勒数字税改革的国际现状，最后提出数字税改革的发展趋势及应对建议。

**数字税改革的主要背景及其
历史演进**

事实上，数字税改革并非一个"新词"。从历史发展阶段考察，国际上关于数字税改革的研究经历了"电子商务时代—数字经济时代—经济数字化时代"三个阶段，并逐步形成了"数字技术发展乃至经济数字化发展本身都是'革命性'的，而税收政策发展则是'演进性'的"基本判断。①

## 一、电子商务时期（1998—2012年）

经 OECD 于 1998 年 10 月的渥太华部长级会议讨论，OECD 财政事务委员会（CFA）在当年发布了《电子商务：税收框架条件》报告，提出了适用于电子商务的五项税收基本原则，获得了当年参与国家的广泛认同。作为指导数字税改革的重要思想之一，这五项原则一直沿用至今。具体而言：

中立性原则：指税收应在不同形式电子商务之间和传统形式商务及电子商务之间寻求中立性和公正性；商业决策应该是出于对经

① 刘奇超、曹明星等：《数字化、商业模式与价值创造：OECD 观点的发展》，《国际税收》2018 年第 8 期；廖益新：《在供需利润观基础上重构数字经济时代的国际税收秩序》，《税务研究》2021 年第 5 期。

济的考虑，而非出于对税收因素的考虑；纳税人在相似情况下进行类似的交易应该受到同样的税收待遇。

效率性原则：指合规遵从成本和税务机关的征管成本应尽量减少。

确定性和简化性原则：指税收法规应清晰、简明、易懂，让纳税人可以预计有关交易的税务后果，包括知道在何时、于何地履行纳税义务及应纳税额应如何核算。

有效性和公平性原则：指税收规则应在正确的时间产生正确的税款；逃税及避税的潜在风险应尽量减至最小，同时对抗风险的措施应与风险相称。

灵活性原则：指税收制度应该是灵活和不断变化的，以确保它们跟上技术及商业发展的步伐。

不过，由于技术的跃迁式发展主要发生于后金融危机时代，因此，电子商务时期的数字税改革探索并未过多关注商业模式及其价值创造的过程，且该时期的改革也较多关注的是间接税领域的改革。

## 二、数字经济时期（2013—2017年）

在这一发展阶段，国际社会认识到，数字经济产业日渐成为经济本身，从税收角度看，全球很难对数字经济产业与其他经济进行人为"圈篱"。国际社会也认识到，数字经济产业及其商业模式都表现出一些可能与税收相关的特征，包括流动性、对数据的依赖性、网络效应、多层面商业模式的扩展性、多变性等。

发轫于 2013 年初的税基侵蚀与利润转移（BEPS）行动计划，于 2015 年 10 月发布最终成果。其中，第 1 项行动计划报告《应对数字经济的税收挑战》认为，数字经济不会造成独特的税基侵蚀与利润转移问题，但它的一些关键特征会加剧税基侵蚀与利润转移产生的风险。

该时期的数字税改革已经开始由早期重点关注间接税改革逐步转向为企业所得税等直接税与间接税协调并重的改革方式，且各国开始酝酿或出台了单边数字税措施。

### 三、经济数字化时期（2018年至今）

2018 年，OECD 发布了《数字化带来的税收调整：2018 年中期报告》[①]（以下简称《中期报告》），报告中首次出现了"经济数字化"的表述。经济数字化时期的开启，意味着国际社会对于数字税研究的重点开始由"数字企业"转向"经济数字化"[②]，数字税改革也正式迈入了后 BEPS 时代。

尽管《中期报告》提及，各国在设计临时性课税政策时应考虑"遵循一国的国际义务""临时性""针对性""税收负担最小""对初创企业、创业企业和更普遍的小企业的发展影响最小""征管成本与税制复杂程度最小"六项原则，但该报告阐明的高度数字化经营

---

[①] OECD. "Tax Challenges Arising from Digitalisation-Interim Report", Paris: OECD Publishing. 2018.

[②] Stefano Giuliano. "INSIGHT: Digitalized Economy: Evolution? Or Do We Need a Revolution?" Bloomberg Tax. 2018（5）；Mindy Herzfeld. "Splitting Digital in Two. Tax Notes International", 2018（7）.

呈现出的"大规模无实体的跨境经营""依赖于无形资产(包括知识产权)、数据、用户的参与""与知识产权(IP)的协同性"这三项关键特征,这也成为改革者撕裂"拥有着数百年历史的、大多是欧洲绅士协议"的传统国际税收共识的有利话术。于是,后 BEPS 时代下,数字服务税(英国、法国)、显著经济存在规则(以色列、印度、尼日利亚)、常设机构反避税规则(新西兰)、征税不足支付规则(墨西哥)等一系列单边措施如雨后春笋般潮涌而至,激起了美国政府与美国企业的强烈不满。

为防止因单边措施衍生出的全球经贸争端,国际社会将改革目光从单边方案转向了多边进程,而这也为多边框架下数字税改革从早期的"零敲碎打"向具有强烈政治诉求兼顾技术理性色彩的"系统改进"转型埋下了伏笔。

2019 年初,OECD/G20 的 BEPS 包容性框架(OECD/G20 Inclusive Framework on BEPS),将国际主要经济体提出有关数字税改革的立场凝练为两个支柱:"支柱一",即"修订的利润分配与新联结度规则";"支柱二",即"全球反税基侵蚀提案",又名"全球最低企业所得税"。2020 年初,OECD 包容性框架的近 140 个成员国家(地区)共同审议并通过了《OECD/G20 BEPS 包容性框架关于应对经济数字化带来税收挑战的双支柱方法的声明》,确认了"支柱一"的总体设计框架,并承诺将在 2020 年底前就基于共识的解决方案达成协议。受新冠肺炎疫情和美国特朗普政府消极回应的影响,原定于 2020 年底前达成的国际共识迟迟没能达成,最终仅以"双支柱"蓝图的形式呈现。① 另外，随着拜登政府上台，美国正式启动国内税制改革。白宫在 2021 年 3 月 31 日公布的《美国就业计划》中提出了配套的《美国制造税收计划》方案说明，其改革设想剑指"支柱二"，其后美国财政部又于 4 月 8 日向包容性框架抛出了美国对"支柱一"的最新立场，意图重新设计"支柱一"。据此，原定 2021 年 7 月达成全球共识细节方案的计划将拖延至 2021 年 10 月。

由于包容性框架的多边方案迟迟未能落地，代表着发展中国家利益的联合国（UN）国际税务合作专家委员会的部分专家随即在 2020 年 8 月提出，在联合国《税收协定范本》中增加一个新的条款（第 12B 条"自动化数字服务"），通过对来源于自动化数字服务的收入征收预提所得税的形式解决经济数字化带来的税收挑战。2021 年 4 月 20 日，专家委员会第二十二届会议批准了新增第 12B 条及其注释的提案。

①　在 2020 年 10 月 12 日 BEPS 包容性框架发布的 3 份重磅报告中，有 2 份总计 480 页的应对经济数字化带来的税收挑战的"支柱一""支柱二"蓝图报告和 1 份 283 页的经济影响评估报告。这些报告总体勾勒了目前国际层面就"双支柱"改革达成的共识性进展、方案关键要素设计、政策主要影响，以及各方在部分理念、制度取向上存在的分歧。

第二节　**数字税改革的国际现状：多边方案、单边措施与热点话题**

国际税收体制中的一些规则正在经济全球化、经济数字化及其他经济环境变化中，成为众矢之的。[①] 对从事数字化交易的企业征税的单边措施，为全球共享数字经济发展机遇、共寻新增长动能与发展之路注入了风险和不确定性，全球数字税改革正在朝向多边共识迈进。

### 一、"支柱一"方案：一个重新分配居民国与市场国征税权，并适当扩大市场国征税权的改革框架

"支柱一"聚焦新联结度和利润分配规则，力图使国际公司税制适应数字时代的新商业模式，以确保营业利润的征税权分配不再完全根据实体存在来确定。"支柱一"有意扩大市场管辖区的征税权，其前提是企业要通过主动的或远程直接的方式来积极和持续地参与该市场管辖区内的经济活动。

从整体框架看，"支柱一"由三大核心模块组成：

---

① 〔以〕亚瑞夫·布朗尔、〔意〕帕斯奎拉·皮斯顿纳主编，李娜译：《金砖国家与兴起中的国际税收协作机制》，法律出版社 2018 年版，第 425 页。

一是金额 A（新征税权）模块，将跨国企业在集团（或区域、业务部门细分）层面计算出的剩余利润的一部分分配给市场管辖区。金额 A 的适用范围将以活动测试为基础，涵盖自动化数字服务（ADS）和面向消费者业务（CFB）。自动化数字服务包括在线广告服务、销售或以其他方式转让用户数据、在线搜索引擎、社交媒体平台、在线中介平台、数字内容服务、在线游戏、标准化在线教学服务、云计算服务九类服务，排除定制的专业服务、定制的在线教学服务、在线销售自动数字化服务以外的商品和服务、物联网及提供对互联网或其他电子网络的访问服务五类服务。面向消费者业务，将涵盖从通常出售给消费者的商品和服务的销售中赚取收入的业务，包括销售给消费者双重用途的产品（如乘用车、个人计算机）或服务、药品（可能不包括处方药）、特许经营业务等，大致排除自然资源，金融服务，住宅型房地产的建造、销售和租赁，以及国际航空和航运业务四类经营活动，并进一步考虑是否排除部分基础设施业务。

二是金额 B 模块，在符合独立交易原则情况下，对位于市场管辖区内的实体存在开展的某些基准营销和分销活动的固定回报课税。

三是税收确定性模块，即通过引入创新的税收争议预防与争端解决机制来显著提高税收确定性。

由于美国拜登政府认为 OECD 起草的"支柱一"蓝图方案过于复杂，且征管成本高，2021 年 4 月 9 日，美国财政部就"支柱一"重新提出了一个与收入和盈利能力挂钩的"综合型征税范围"新构想。美国长期以来一直坚持认为，数字税改革绝不能"圈篱"数字公司（大多数是总部位于美国的公司），美国无法接受任何对美国公司实施歧视性税收待遇的结果。因此，美国财政部提出的新方案，不再区分行业类别或者经营模式，通过设计定量标准以缩小征税范围，使"支柱一"规则聚焦不超过 100 家全球最大和最赚钱的跨国企业。同时，判定跨国企业是否纳入新征税范围的标准同"支柱一"一样，包括了收入门槛与利润率门槛。

## 二、"支柱二"方案：在全球范围内为跨国企业设定一个应缴纳的最低企业所得税的实际税率

自 2018 年 12 月德国与法国联合发布在 OECD 框架下推动全球最低税提案的声明①以来，一项致力于解决遗留的 BEPS 挑战、进一步反映如美国税改中 GILTI 政策等最新发展情况的全球反税基侵蚀方案（Global Anti-Base Erosion Proposal，GLoBE）应运而生，并讨论至今。②

"支柱二"从设计之初便考虑了四项规则，历经多次讨论，已在一定程度上得以聚焦。事实上，OECD 包容性框架承认，各税收管辖区可以自行决定其自身的税制，包括是否征收企业所得税和税率水平，但也认为，其他税收管辖区有权在对所得以低于最低税率进行征税的所在地，适用国际商定的"支柱二"方案。为此，"支柱

---

① "Franco-German joint declaration on the taxation of digital companies and minimum taxation", https：//www. consilium. europa. eu/media/37276/fr-de-joint-declaration-on-the-taxation-of-digital-companies-final. pdf，2021 年 6 月 2 日。

② 尽管德国财政部部长奥拉夫·朔尔茨声称 GLoBE 概念是德法首次提出的，但事实上，有关全球最低税的理论研究与国别实践均早于德法联合倡议。

二"制定的规则强化了内在的关联性，在其他管辖区未行使其主要征税权的情况下，或在对国外支付款项适用的实际征税水平较低的情况下，赋予相关税收管辖区"回溯"征税的权利。

"支柱二"由共性规则和四项核心规则组成。共性规则主要包括适用范围、最低税率以及实际有效税率的计算等。四项核心规则包括：

一是所得纳入规则（Income Inclusion Rule，IIR）。如果企业集团的组成实体在集团母公司所在管辖区以外的其他管辖区的利润所适用的有效税率（Effective Tax Rate，ETR）低于包容性框架最终确定的最低税率（Minimum Tax Rate，MTR），那么集团母公司则需在其所在管辖区缴纳"补充税"（Top-up Tax），以使得其他管辖区的利润的有效税率达到最低税率。2021年6月，七国集团（G7）达成协议，同意全球最低企业所得税税率不低于15%。

二是转换规则（Switch-Over Rule，SOR）。如果可归属于境外分支机构的利润取得的所得被课征的有效税率低于商定的最低税率，则允许居民国限制适用税收协定中的免税法，将IIR应用于常设机构的利润，征收"补充税"。该规则旨在确保在"支柱二"下免税常设机构和外国子公司享有平等待遇。事实上，以SOR作为对所得纳入规则的补充，消除了将所得纳入规则适用于某些分支机构结构的协定障碍，并适用于所得税协定要求缔约国使用免税法消除双重征税的情况。

三是征税不足支付规则（Undertaxed Payments Rule，UTPR）。如果一项集团内关联方向国外支付款项被课征的税率不高于包容性框架最终确定的最低税率，则来源国可以拒绝扣除支付给关联方的支付款项。UTPR 作为一个次要规则，起到了"兜底"方案的作用。

四是应予课税规则（Subject to Tax Rule，STTR）。当某笔款项在收款人所在管辖区适用的税率低于商定的最低税率时，允许来源国对该笔款项补征税款，从而对前述规则起到补充作用。这是一项基于协定的规则，对于针对某些管辖区的可税前扣除的集团内支付款项，如果在这些管辖区中，相关款项没有被征税，或者适用的名义税率较低，则拒绝将协定利益给予这些支付款项。

### 三、联合国《税收协定范本》第12B 条方案

2020 年 8 月，联合国国际税务合作专家委员会的部分专家提出了一项提案，建议在联合国《税收协定范本》中增加一个新的条款（第 12B 条"自动化数字服务"）。该条款承认一国有权对另一国居民（受益所有人）从自动化服务中取得的所得征税，可以通过对总收入（例如预提税）征税或由纳税人选择基于特定净所得征税的方式来实现。但是，属于特许权使用费或技术服务费性质的款项不适用该条款。第 12B 条将"来源于自动化数字服务的所得"定义为在线或通过电子网络（只需服务提供商极少的人工干预）提供服务取得的款项。该条款注释指出，第 12B 条不包含任何定量或定性的联结度门槛，企业在一个税收管辖区从自动化数字服务中获得收入的能力证明了其在该税收管辖区被课税的合理性。

2021 年 3 月 11 日，该专家委员会发布了有关联合国《税收协定范本》第 12B 条的最新情况。2021 年 4 月 20 日，联合国国际税务合作专家委员会第二十二届会议批准了在联合国《税收协定范本》中

新增第12B条及其注释。[①]

## 四、单边措施的全球代表性实践

从政策设计看，全球共有四类应对经济数字化的企业所得税单边课税方案：开征以营业额为基础的数字税；修订或替代常设机构的定义；扩大预提所得税的征收范围；制定针对大型跨国公司的特殊税制。

### （一）开征以营业额为税基的数字税

#### 1. 数字服务税

作为媒体报道的"宠儿"，数字服务税（简称"DST"）一直在数字税改革中备受关注。2018年底，英国政府宣布将于2020年4月1日起开征DST。2019年3月，欧盟宣布暂时正式搁置欧盟版DST。此后不久，法国国民议会于2019年4月8日通过法国版DST法案，2019年7月24日经法国总统马克龙签署后正式实施，成为全球首部正式落地的DST法案。美国认为该法案刻意针对美国科技巨头，随即针对法国DST启动"301贸易反制调查"。

据统计，截至2021年5月31日，全球已实施DST的国家（地区）共12个[②]，提出立法草案或处于公众咨询阶段的共3个[③]，公

---

① "Committee of Experts on International Cooperation in Tax, The Proposed Draft for a New Article 12B and Commentary", https://www.un.org/development/desa/financing/sites/www.un.org.development.desa.financing/files/2021-04/CITCM%2022%20CRP.1_Digitalization%206%20April%202021.pdf, 2021年6月2日。

② 包括阿根廷、奥地利、匈牙利、法国、意大利、肯尼亚、波兰、塞拉利昂、西班牙、突尼斯、土耳其和英国。

③ 包括加拿大、巴西和捷克，其中，加拿大DST将于2022年1月1日生效实施。

告或有意向实施 DST 的共 9 个①，公告拒绝实施 DST 的共 3 个②，还有 7 个国家（地区）③ 正等待全球性的解决方案。

各国（地区）制定的 DST 征税范围按宽窄口径计，大致可分为四类：一是涵盖广泛的数字服务，如塞拉利昂，其征税范围包括所有数字和电子交易，这在各国中是极为罕见的。二是以欧盟委员会 2018 年 3 月立法草案版 DST 为主，主张对在线广告、在线中介与数据销售的收入课税。三是以英国提案为主，主张对搜索引擎、社交媒体平台和在线市场的收入课税。目前，参照英国立场设计 DST 征税范围的国家有以色列、土耳其等国。四是仅针对在线广告收入课税的 DST 国家，目前有奥地利、匈牙利等国。

2. 均衡税

印度根据《财政法案（2016 年）》于 2016 年 6 月 1 日起开征均衡税（以下简称"均衡税 1.0"），对非居民通过向印度付款方提供特定服务所取得的收入总额或应收账款总额课征 6% 的均衡税。付款方为开展商业活动或者专业活动的印度居民或在印度境内拥有常设机构的非居民。从课税范围来看，包括"提供的所有数字化广告位，或为在线广告活动提供的所有设施或服务（含联邦政府所规定的其他相关服务）"。其中，均衡税 1.0 的应纳税所得额为符合法定课税范围内特定服务的收入总额。

印度《财政法案（2020 年）》推出的均衡税 2.0，扩大了均衡

---

① 包括丹麦、埃及、以色列、日本、拉脱维亚、新西兰、挪威、罗马尼亚和俄罗斯。

② 包括澳大利亚、智利和德国。

③ 包括比利时、芬兰、新加坡、南非共和国、瑞典、瑞士和美国。

税1.0的范围，规定自2020年4月1日起将电子商务运营商从电子商务供应或服务中收取的对价纳入征税范围。均衡税2.0对非居民电子商务运营商从其制造、提供或促进的电子商务供应或服务中获得的收入征收2%的税，征税对象为非居民电子商务运营商就其制造、提供或促进的电子商务供应或服务从印度客户处获得的收入。

**（二）修订或替代常设机构的定义**

因经济数字化下跨国企业位于各个国家的数字存在无法通过传统税收规则进行征税，一些国家开始着力推出"对常设机构定义进行修订或加以替代"的改革方案。这类改革的主要目的在于淡化特定地理位置对于传统常设机构概念下"营业场所""永久性"和"商业活动"等定义要求，从而建立起新的基于净所得税基的联结度。

从政策制定上讲，其设计难点在于如何运用定量和/或定性指标，建立一个科学、合理的数字化门槛。通常，这些指标通常包括：（1）存在一个用户基础和相关的数据输入；（2）从该税收管辖区产生的数字内容的数量；（3）以当地货币或以当地支付方式记账、征缴；（4）以当地语言维护网站；（5）负责向客户最后交付货物或由企业提供其他支持服务，如售后服务或维修保养；（6）为吸引客户而进行持续的网上或其他形式的营销和促销活动。

**（三）扩大预提所得税的征收范围**

一是扩大定义范围，以涵盖对使用软件或软件使用权的付款、通过信息和通信技术传送的"视觉图像或声音"费用、将某些软件即服务类型的交易费用纳入预缴税款范围等内容。二是对技术服务费征收预提所得税。三是对来源于自动化数字服务（如在线广告服务）的收入征收预提所得税。

### （四）制定针对大型跨国公司的特殊税制

目前，一些国家针对大型跨国公司专门出台了特殊税制，这些税制并非针对数字化企业而设计的，但由于其规制对象往往同一些数字化业务密切相关，因此也备受全球关注。以美国的税基侵蚀与反滥用税（BEAT）制为例，2017年12月22日，在时任美国总统特朗普签署的《减税与就业法案》中，首次引入了BEAT。BEAT仅适用于居民企业和其他需缴纳美国所得税的非居民企业分支机构的特定内部交易，[①] 并通过公式计算与纳税调整来确定应纳税额。目前，美国拜登政府提议废除BEAT，并引入"停止有害倒置和终结低税发展（SHIELD）"税制。

## 五、数字技术创新引发的税收热点话题

### （一）关于机器人税的讨论

随着人工智能的迅猛发展，机器人在社会各领域开始得到广泛的应用，这一方面增进了社会生产力和人类总财富，另一方面也引起了"机器替代人"的自动化恐慌。面对机器人密集扩展有可能造成社会就业率下降和政府财政收入减少等问题，美国、欧盟先后加入机器人税的讨论，并提出向机器人征税的可能方案，韩国则于2017年率先启动一项间接向机器人征税的制度。

---

① BEAT涉及的公司不包括受监管的投资公司和房地产投资信托。

为妥善解决人工智能（AI）引发的社会问题，确保 AI 的推进不致损害弱者利益与政府财政收入，各方提出了不同的主张。代表性观点为美国著名企业家比尔·盖茨于 2017 年 2 月提出向机器人征税。他主张，只有针对机器人征税，方能减缓自动化传播速度，并为其他类型的就业提供资金。① 尽管比尔·盖茨并未对其主张进行系统阐述，但该观点却引起了相关人士的高度关注，对这一问题的观点逐渐分化成"赞成论""否定论"以及"替代说"三类。②

赞成论者基于税收公平、税收中性，以及于税收与创新平衡发展的立场，认为一旦缺少监督，自动化将加剧失业和经济不平等，税收政策应适时进行调整，放缓颠覆性技术前进的脚步，使得机器人和普通工人在经济发展中保持相对独立的作用，相应的税收收入可以用于帮助被新技术夺去饭碗的人们完成再就业的过渡。

反对论者提出了一连串的批驳和质疑。一是认为对机器人课税毫无逻辑，且对机器人课税就意味着"抑制创新"，类似第一次工业革命时砸机器那样的荒唐。二是认为对机器人课税是一项逆生产力发展的行为，不利于企业竞争力的提升和就业市场的发展。三是认为征机器人税将对各国现行税制的设计原理带来冲击。

持替代说的人认为，可寻找一种与机器人征税具有同等效果的"替代方案"。为此，特斯拉创始人埃隆·马斯克、脸书创始人马

---

① Kevin J. Delaney, "The Robot That Takes Your Job Should Pay Taxes, Says Bill Gates", https://qz.com/1210342/donald-trump-andfacebook-executive-rob-goldmans-tweets-mislead-about-russias-election-interference/, 2021 – 6 – 2.

② Joao Guerreiro, Sergio Rebelo, Pedro Teles. "Should Robots Be Taxed?" https://www.nber.org/papers/w23806, 2021 – 6 – 2；王婷婷、刘奇超：《机器人税的法律问题：理论争鸣与发展趋势》，《国际税收》2018 年第 3 期。

克·扎克伯格、维珍集团 CEO 理查德·布兰森以及 Slack 公司 CEO 斯图尔特·巴特菲尔德等人认为，比起向机器人征税，他们更倾向于采取类似于"均贫富"的理念，为那些因技术进步而被"抢"去工作的失业者们提供现金救济。

**（二）关于虚拟货币税收的讨论**

随着虚拟货币的迅猛发展，各方开始关注其带来的税收问题。由于目前各国制定的虚拟货币税务处理方案尚缺乏全面的指南或框架，此类涉及所得税、增值税、财产税规制问题的研究正成为时下财税领域的热点与重点。①

反洗钱金融行动特别工作组（FATF）将"虚拟货币"定义为"一种价值的数字表示，可以进行数字交易或转让，并可用于支付或投资目的"，但目前没有国际公认的对加密资产（含虚拟货币）的标准定义。

理论上，虚拟货币"生命周期"的不同阶段将伴随着不同的税收后果。通常，一个典型的虚拟货币"生命周期"会经历创建（如"挖矿"）、储存和转让、兑换、代币演变四个环节。实践中，虚拟货币的法律地位因国而异，由于它的不确定性且不断演变，可能会使虚拟货币的定性和监管变得困难。大多数 OECD 和 G20 国家的现行法律法规都隐含或明确地表明了使用加密货币的合法性，同时强

---

① OECD. "Taxing Virtual Currencies：An Overview Of Tax Treatments And Emerging Tax Policy Issues"，https：//www. oecd. org/tax/tax-policy/taxing-virtual-currencies-an-over-view-of-tax-treatments-and-emerging-tax-policy-issues. pdf，2021－6－2；科尔曼·茉莉、刘奇超、吴芳蓓：《欧盟加密货币的增值税处理及其引申问题研究》，《国际税收》2021年第6期。

调了加密货币并非法币。因此，虚拟货币的所得税规制因各国对其在交易活动中定性的不同而存在路径差异，进而围绕虚拟货币"生命周期"的不同阶段给予了不同方式的税务处理。

第三节 数字税改革的争议与因应之策

当今世界正经历百年未有之大变局，国际环境日趋复杂，不稳定性和不确定性明显增强，但和平与发展仍然是时代主题，是各国求同存异和合作共赢的主流意愿，也是主权国家基于本国利益参与国际交往的基本立场。[①] 本轮全球数字税改就是在这种"变"与"不变"、"已变"与"未变"中展开的，有必要在百年未有之大变局下整体认识全球数字税改革，积极参与数字税国际规则的制定，推动国际税收治理新秩序的建立与完善。

### 一、以系统观念厘清数字税改革中的不同观点

在百年未有之大变局下，特别是受新冠肺炎疫情全球大流行、美国拜登税制改革的影响，"支柱一"与"支柱二"的改革是"脱钩"分别实施，还是将"双支柱"改革作为一揽子方案共同推进？事实上，在缺乏基本原理、总体原则、广泛沟通的基础上构建全球数字税改革蓝图，将面临诸多执行层面的风险和不确定性。但若能更加清晰地理解质疑者的观点，将有助于加强整体认识和推动改革事项的落地，在构建国内循环为主、国内国际互促双循环新格局下

---

① 邓力平：《百年未有之大变局下的中国国际税收研究》，《国际税收》2020 年第 2 期。

更好地作出符合中国利益的制度性选择。

总的来看，各方对于在全球范围内实施"双支柱"仍持较大分歧。在"支柱一"方案上，不少观点持审慎态度。譬如，独立交易原则（ALP）的积极拥护者认为公式化的课税方法会导致不精确性和扭曲性，强调"支柱一"可能会影响投资、就业、工资、创新、经济增长及税收收入。有企业担心，"支柱一"的设计会过度强调市场国的征税权问题，在一定程度上人为破坏了现行以联结度规则确定非居民企业的税收管辖区和基于独立交易原则确定利润分配规则的两项国际税收体系基石。有专家表示，自动化数字服务与面向消费者业务的分类方法太过复杂，数字税改革应优先解决自动化数字服务带来的税收调整问题或探索更为简化的方案。而非政府组织和部分学者认为，"金额 A"设计太过复杂，对现行规则的修改太过拘谨，额外分配给市场国的新征税权太有限，不如采用类似欧盟共同统一公司税基（CCCTB）提案的全球公式分配法，同时考虑利润创造的需求侧与供给侧因素，衡量销售额、资产、工薪（包括员工数和工资）与用户四项因素，而对于远程数字化常设机构，可仅考虑销售额和用户因素。

在"支柱二"方案上，争议更加激烈，批评意见大致可归为七个方面：一是税基侵蚀与利润转移（BEPS）项目仍在实施中，在国际社会尚未根据 BEPS 第 11 项行动计划开展政策评估且"支柱一"亦未落地之前，推动"支柱二"方案显得操之过急，应暂时予以搁置；二是"支柱二"方案是对一国税收主权的不当干预，会严重限制一国使用税收激励措施的权力；三是"支柱二"方案的设计背离了 BEPS 项目所确立的"利润在经济活动发生地与价值创造地征税"的总原则，是对既有国际税收框架的一种"撕裂"；四是不涉及任何实质性活动排除设计的"支柱二"方案，是一种过于生硬的解决遗留的 BEPS 挑战的方式，会使政策的打击范围超越 BEPS 范畴；五是引入"支柱二"方案可能会导致各国将税式支出转向直接补贴；六是"支柱二"方案将使国际税收规则变得更加复杂，应制定更具针对性的反 BEPS 措施来弥补财政收入；七是"支柱二"方案可能违反资本输入中性原则，会扭曲市场竞争，甚至会抑制国家间有正面意义的税收竞争。

## 二、数字税改革的因应之策

### （一）反对单边主义，支持充分体现包容性的多边共识

当前单边主义和保护主义抬头，少数国家出台了以数字服务税为代表的单边征税措施，为经济全球化带来新的不稳定因素。单边税收措施是对全球经济良性发展的阻碍，易导致重复征税，甚至国家间的税收战、贸易战，进而破坏全球经济秩序。尽管逆全球化、民族主义、贸易主义抬头，但国际上绝大多数国家（地区）赞成支持就经济全球化国际税收改革问题达成多边共识。我国外交部发言人汪文斌在 2021 年 6 月 7 日表示，"我们始终秉持多边主义的精神和开放合作的态度，参与方案的磋商和设计，我们支持按照 G20 的授权，在多边框架内，推动在 2021 年中期就方案达成共识。中方认为包括 G20 在内的各国，都应务实和建设性地作出贡献，妥善处理各国的重大关切，在方案设计上体现包容性。"应当说，多边框架既

有利于吸引外商投资，提升经济质量和规模，也有利于全球企业跨境投资与流动，推动贸易全球化进程。中国企业在数字经济和非数字经济领域都极具竞争力，只有推动多边税收框架达成共识，降低全球贸易门槛，中国企业才有更好的机会参与全球市场的公平竞争，以此持续扩大海外市场份额，并带动国内红利增加。

**（二）降低数字税改革落地过程中的税收征管成本和企业遵从成本**

征管成本和遵从成本都很重要，征管成本过高，必将消耗税收储备，市场国难以取得合意的应征税款；同样，遵从成本过高，会导致企业产生过多消耗，对企业正常经营造成负面影响，降低企业的竞争力。1998年10月渥太华部长级会议提出的适用于电子商务的五项税收基本原则，作为全球共识一直沿用至今。其中，效率性原则要求合规遵从成本和税务机关的征管成本应尽量减少。按照这项原则，在"双支柱"方案设计中，尤其在"支柱一"税收分配的过程中，应重点考虑降低管理成本和遵从成本，减少不必要的资源耗费。建议在全球税收规则变革当中，优化征管方式，简化征纳手段，提高征纳效率，降低征纳成本，寻求税收征收成本和纳税成本的最优机制。

**（三）避免重复征税，减少贸易摩擦**

国际重复征税，不仅对纳税人不利，而且对国际间的资本流动和技术交流不利，阻碍跨国贸易发展。因此，要平衡好权利义务关系，在数字税改革方案设计中，各国在一定范围内享有税收管辖权的同时，也有义务确保跨国企业享有相应的税收抵免或免税待遇，避免重复征税增加纳税人不合理负担。应倡导加强国际合作，凝聚国际共识，呼吁在 OCED/G20 多边框架下形成全球性税收治理共识，杜绝双重不征税、避免双重或多重征税、废除单边征税措施，保护全球科学、合理的征税秩序，促进全球经济包容和谐发展。

**（四）对各类经济统一规则，维护税收公平性**

选择对特定类型的经济模式征税，会扭曲市场机制中优胜劣汰效应的正常发挥，抑制产业和经济健康发展。数字经济正随着国民经济各个行业的数字化而不断扩展其领域，相应地，还带动了社会生活和政府治理的数字化，因此，应针对数字经济快速动态变化的特点，坚持渥太华部长级会议提出的税收中立性原则，应在不同形式的经济形态之间保持税收中立，一视同仁地对待数字经济与传统经济。各项税收政策的出台，均应遵循税收中立性、税收公平性等基本原则，避免因企业数字化转型带来的效率提高而征税，以此维持市场的正常运行机制，鼓励创新，推动经济健康持续发展。

第九章

# 全球数据治理趋势与展望

　　数据是新一轮科技产业革命的重要驱动力，无论是国际竞争，还是国内发展，数据将发挥越来越重要的作用。与此同时，各方对数据安全、个人信息保护的诉求也不断上升，关于数据主权、数据安全、隐私保护的多方挑战与利益博弈将更加激烈。优化数据治理制度和生态，需要多方协作，共同努力。本章尝试总结数据治理的国际形势和趋势，并从优化我国数据治理制度和生态的角度，谈几点关于政策制定和企业责任的思考。

 数据治理国际形势与趋势

数据治理不仅关乎国内数字经济发展，也关乎国际竞争，还涉及数据主权、数据安全、隐私保护等多方挑战与利益平衡。总体来看，全球数据治理呈现出如下几个趋势。

### 一、数据成为中美科技竞争的重要战场

2021 新年伊始，全球最大的政府风险咨询公司欧亚集团（Eurasia Group）发布《2021 年十大风险报告》（Top Risks 2021）。该报告指出，数据将成为中美科技竞争的主要战场，这一竞争将在拜登的领导下继续。[①]

在数据主权与安全方面，美国以侵害敏感个人信息和危害国家安全之名行贸易保护之实。在 2020 年先后针对字节跳动、微信、支付宝等中国公司采取封禁措施，要求数据本地化已经成为其常用的政策手段；而对等来看，我国 2021 年将特别关注特斯拉等美国企业在中国的数据收集、处理和跨境传输。

中美数字经济规模稳居全球前两位，在 5G 和人工智能方面，中美都是最主要的竞争对手，美国在数据治理领域采取明显的"两面

---

[①] EURASIA GROUP. "TOP RISKS 2021", https：//www.eurasiagroup.net/issues/top-risks-2021.

派"作风。美国认为,"中国数据收集壁垒和数据标注成本较低,更容易创建大型数据库"。[①] 因此,美国一方面通过宣扬"中国政府可随意获取企业数据""中国企业个人信息保护不力"等,施压我国制定更强有力的个人信息保护法律,加大我国数据生产成本,减少数据积累;另一方面在国际上倡导全球数据自由流动,以利于美国公司攫取更多数据资源。

## 二、欧盟继续占领数据治理制度设计制高点,但也开始内部反思

欧盟在个人信息保护规则制定方面站在了制高点上,而且展现出了很强的规则制定能力,《通用数据保护条例》(GDPR)更是为很多国家所模仿。2020 年,欧盟更是在数字议题的政策和立法进程中投入了前所未有的精力,多个机构集中推出《欧洲数据战略》《人工智能白皮书》《欧洲数据主权报告》《数据治理法》《数据市场法》《数据服务法》等多部文件、报告或法律草案。欧盟作为数字经济时代制度建设制高点,其数据相关法律制度已经成为各国立法和监管政策借鉴的主要对象。

欧盟在保持其制度竞争力并输出价值观的同时,迫切需要实现欧洲技术主权。一方面对跨国互联网企业基于 GDPR 进行高额处罚,征收数字服务税;另一方面试图通过立法开展数据共享,加强对大型平台企业监管,促进欧盟自己的中小企业的发展。鉴于欧盟缺乏

---

① 周琪、付随鑫:《美国严防中国人工智能发展》,《环球》杂志 2020 年第 15 期。

本土大型互联网企业的特点，高额罚款、数字服务税、数据共享的主要对象均为美国跨国公司，也可能波及中国在欧企业的未来发展。欧盟的制度设计有其产业背景，其他国家在借鉴相关制度规则的时候，可能需要保持警醒，根据自己的产业特点和发展阶段选择合宜的规则。

另外，我们也看到，欧盟在 2020 年发布的各项数据战略和政策中进行了深刻的反思。欧盟本希望通过 GDPR 钳制美国大型互联网企业，促进本土中小企业发展，但越来越多的证据表明，GDPR 所带来的高昂合规成本，正伤害着初创企业的发展，反而进一步巩固了大企业的优势地位。欧盟认识到，当越来越多的产业或公共数据来源于个人时（如大量的 IoT 设备的使用），过于严格的个人信息利用限制可能会导致产业或公共数据供给的不足，特别是对于那些依赖于数据加工才能产生的产业或公共数据而言，个人信息的收集和使用始终是无法回避的关键问题。过于严苛而烦琐的个人信息收集约束，无疑会大大影响产业或公共数据的数量和质量，对于欧盟所期待的"数字化统一市场"目标而言，如何平衡个人信息的保护和数据的收集利用显然是必须要解决的问题。

### 三、重新调整个人同意和企业责任之间的平衡成为趋势

物联网设备、机器学习和人工智能的发展正导致整理和分析大量数据的能力不断提高，这对"基于同意"的个人信息保护方法提出了重大挑战。政府和企业越来越不可能在"授权同意"之时就预测到收集、使用或披露个人数据的目的。此外，随着大量数据的无

缝和即时收集，组织在每一次数据收集中都寻求个人的明确同意并不总是切实可行的，而且对"知情同意"的依赖导致了大量冗长或措辞宽泛的通知。此外，个人的同意决定不一定考虑到对公众更广泛、系统的利益，也不一定会产生社会最理想的集体效果。

重新调整个人同意和企业责任之间的平衡，以便为适当和合法的目的利用数据，成为一种趋势。新加坡为便利化出于"适当和合法的目的"的数据使用，在2020年《个人数据保护法（修订）》中创新性地提出，组织可在未经个人同意的情况下，将个人数据用于运营效率和服务改进、开发或增强产品/服务、了解组织的用户需求等业务改进目的。但也明确了前提，基于业务改进而收集、使用和披露必须是一个理性的人在实际情况下认为适当的，并且不得用于作出可能对个人产生不利影响的决定。日本在2020年修订的《个人信息保护法》中引入"假名化"规则（类似我国讨论的去标识化规则），并对"假名化信息"的使用豁免目的变更限制、泄露通知义务等系列监管要求，从而减少个人信息的使用障碍，尽可能发挥数据效用。

### 四、数据本地化趋势加强，挑战跨境商业模式

2020年以来，全球数据本地化趋势加剧，表现为《欧美隐私盾牌》协定的失效，美国、印度等国对中国多款App的封杀，美国、澳大利亚对抖音海外版（Tiktok）数据的"国家安全风险"的调查，等等，预示在疫情之后更为复杂的国际形势之下，数据本地化可能成为更多国家的选择。

与此同时，美国联合其国际盟友，推动 APEC 数据跨境认证体系；日本通过欧盟跨境数据传输的"充分性认定"，欧日开始建立全球最大数据流动区域；"区域全面经济伙伴关系协定"（RCEP）明确了支持数据跨境传输、减少数据中心本地化要求的国际立场，虽然以不影响缔约国合法公共政策目标或基本安全利益为限。全球数据跨境流动的不同阵营初步形成，对于依赖于数据流动的跨境商业模式将产生重大影响。平衡国家安全与数据自由流动的立场，进一步推动和引领数据跨境多边规则的制定，或是未来方向。

## 五、信任缺失成为普遍性问题，重构信任仍需各方共同努力

欧盟法院判决作为欧美数据跨境传输基础的《欧美隐私盾牌》协定无效，表明欧洲对美国政府的不信任；全球对大科技公司的管制与反垄断调查，表明对大企业公平参与市场竞争的不信任；对"算法黑箱"的质疑，表明对新兴技术的不信任；脸书、谷歌等频频陷入数据隐私丑闻，加强了公众对企业保护个人隐私的不信任。信任缺失，伴随着更敏感的公众神经、更严苛的监管环境、更高的合规成本、更多的投机行为。只有秉持命运共同体理念，携手并肩相向而行，才能走出一条相互尊重、相互理解、共同发展之路。企业是其中最为关键的一环，企业需要主动建立更加透明和可问责的数据治理机制，挽回信任，重建信任。

第二节 ## 关于数据治理政策的几点思考

在数字经济发展的"时与势"下，我国数据治理有必要统筹国内发展与国际竞争、产业发展与市场监管、业务创新与权益保护的多重目标。个人信息保护、数据权属、数据开放分享、数字税等问题不是孤立的点，而是彼此联系的复杂矩阵。回答这些问题，不仅需要法律规则提供确定性，也需要技术创新提供更大的想象空间。

### 一、增强我国数字产业国际竞争力应成为我国数据治理的重要目标之一

我国目前已经是全球第二大互联网大国，人工智能、区块链、大数据等新兴业务领域发展迅速，国务院相关产业促进政策已经起到了良好的效果。近年来，一系列个人信息安全事件的爆发，在全社会范围内引发了对于个人信息安全的普遍焦虑。面对此种焦虑，执法机关理应采取雷霆手段对不法行为进行惩处，但与此同时，也要避免个人信息恐慌，走向另一个极端。GDPR 实施以来，其在提升个人信息保护水平方面取得了一定成效，但也有越来越多的证据表明，GDPR 正在伤害着欧洲数据产业的发展和信息技术的创新，欧盟自己也已经在反思和修正。美国、欧盟等国家都已经将大数据上升为国家战略。在国际竞争大格局大背景下，我国在构建数据治

理相关法律法规的过程中，需要坚持国际竞争视角，强调法律规范的前瞻性、灵活性和包容性，给我国数字产业的健康发展留下充分空间。

## 二、数据要素市场培育，需要更深入地探究数据要素利用与个人信息保护的关系

个人信息可以细分为三类，第一类是基本个人信息，诸如个人的姓名、性别、联系方式等；第二类是伴生个人信息，诸如个人的财产信息、账户信息、金融交易信息和信用信息等；第三类是预测个人信息，主要是大数据企业对用户进行的画像。后两类个人信息可以被统称为"衍生个人信息"。激活和拉动内需所需要的数据要素中，衍生个人信息占据绝大部分，迫切需要在保护个人信息的前提下使这些数据真正流动和利用起来。对此，欧盟在2020年发布的各项数据战略和政策中已经进行了深入的反思，认识到，过于严苛而繁琐的个人信息收集约束，与欧盟所期待的统一数字市场显然是矛盾的。新加坡政府在《个人数据保护法》中也做了创新性的规定，重新调整个人同意和企业责任之间的平衡，以便依据适当和合法的目的利用数据。

## 三、促进数据利用和个人信息保护的平衡，需要规则和技术两方面的保障

规则上，保护个人权利是数据利用的前提和基础，但这个前提的实现需要适应技术业务发展趋势的科学制度设计，重点关注个人

能够真正行使其权利，且在权利受到侵害后可以得到及时的救济。可根据使用目的和潜在危害大小，对个人信息做分级、分类处理，平衡"个人同意""目的明确"与组织出于"适当和合法的目的"使用数据的需求，增强监管的针对性。可以考虑引入"去标识化"规则，在降低个人信息侵权风险的同时，减少数据处理和流转的障碍。技术上，隐私计算技术的发展提供了保护个人信息基础上促进数据利用的方案，成为这两年最主要的发展方向。通过隐私计算技术实现数据的"可用不可见""可算不可识"已经成为业界的共识，这些技术的探索与创新将是促进数据要素利用和流通的重要保障，也是科技企业承担社会责任、构建可信任的数据利用环境的责任和担当。

 关于数据治理中企业责任的
几点思考

作为数据治理的主要责任人，企业应把有效保护个人隐私和维护数据安全作为行业健康发展的生命线，坚持以人为本，坚持底线思维，坚持科技赋能，提升行业数据治理能力，优化行业数据治理生态，实现个人信息保护和数据利用的平衡。

**一、守法合规应成为企业数据治理的底线要求**

企业应守正创新、遵从监管，不断提高公司治理和风险管理水平，夯实合规经营基础，切实保护用户个人信息和数据安全。在产品设计、开发和上线三个环节，都要落实个人信息保护和数据管理合规要求。在数据从收集、储存、使用、共享、跨境、销毁等全生命周期中，按照"最小够用、确保安全、目的特定、最小输出、最短期限储存"等原则对产品进行合规审查。

**二、应尊重用户，给用户以安全感，增强行业信任**

企业要对用户隐私保持尊重和敬畏，尊重消费者的知情权、选择权、隐私权。以"公开透明"为原则，保障用户的知情权。用简洁、精练、易阅读的隐私权政策、服务协议、页面文案向用户明示

个人信息如何被收集、用户享有的权益及实现方式，确保用户充分理解自己的个人信息如何被收集、使用、授权、删除，保证用户基于充分的信息作出自己的选择。以"不替用户做主"为原则，在收集、使用和共享用户个人信息时，以让用户主动打钩、点击同意、主动填写或提供等方式，保障用户的选择权。在产品和服务的流程中，高度重视用户对隐私的体验，将个人信息的查询权、更正权、删除权、注销账户权等与产品有机融合。

### 三、应建立健全制度和流程，让数据治理有据可依、有章可循

企业应建立个人信息保护制度，明确个人信息管理方针、目标及具体要求，从个人信息处理的全生命周期（数据采集、存储、传输、使用、共享和销毁）出发，覆盖并建立起各业务个人信息管理制度规范。这些制度与业务流程紧密结合，将个人信息管理要求及标准在各业务单元日常工作中进行落地式覆盖和管控，进一步保障隐私保护和数据安全有章可循、风险可控、用户权益可托。平台型企业可成立专门的个人信息保护和数据安全专业委员会，并任命专职的"首席个人信息保护官"或"首席隐私官"，负责制定并推动落实个人信息保护管理体系，不断提升企业的个人信息保护和数据安全管理的标准和能力。

### 四、应强化科技武装，不断提升数据治理能力，探索数据治理新模式

应坚持用科技创新的办法解决前进中的问题。企业应积极探索

使用大数据、人工智能、区块链、密码学等技术，建立以科技驱动的个人信息保护与数据安全合规系统，进行数据全生命周期的跟踪监测和合规处置，增强风险防范和处置能力，增加数据治理机制的透明度和可问责性。应加强隐私保护技术的研发和应用，构建可信任的数据利用环境，在保护个人隐私的同时保障数据要素的利用和流通。

### 五、应通过广泛的合作，提升行业整体能力，优化行业数据治理生态

企业应尊重、维护行业参与者权益，坚持开放包容、互利合作，构建开放、共赢的商业生态，推动服务的公平普惠和经济社会效率整体提升。在有效保护数据隐私安全的前提下，实现数据价值有序、双向的流通，挖掘和释放数据的行业价值、社会价值。除了数据本身，数据能力的开放合作也应成为数据开放分享的应有内容之一，应在数据能力方面加强广泛合作，发挥比较优势，促进全行业数据应用能力和治理能力的整体性提升。头部企业更是要做好表率，积极打造有行业标杆意义的综合解决方案，注重对外分享经验与输出能力，联合产业各方打造良性的数据治理生态。